U0476121

爱上科学
一定要知道的科普经典

新课标科学课程读物

超能的力

CHAONENG DE LI

李禾 / 编

中国华侨出版社
北京

图书在版编目（CIP）数据

超能的力 / 李禾编. — 北京：中国华侨出版社，2013.3（2020.5重印）
（爱上科学一定要知道的科普经典）
ISBN 978-7-5113-3342-1

Ⅰ.①超… Ⅱ.①李… Ⅲ.①力学—青年读物②力学—少年读物 Ⅳ.①O3-49

中国版本图书馆CIP数据核字（2013）第043177号

爱上科学一定要知道的科普经典·超能的力

编　　者：李　禾
责任编辑：沽　月
封面设计：阳春白雪
文字编辑：肖　瑶
插图绘制：三　鹿
美术编辑：宇　枫
经　　销：新华书店
开　　本：710mm×1000mm　1/16　印张：10　字数：120千字
印　　刷：三河市万龙印装有限公司
版　　次：2013年5月第1版　2020年5月第2次印刷
书　　号：ISBN 978-7-5113-3342-1
定　　价：38.00元

中国华侨出版社　北京市朝阳区西坝河东里77号楼底商5号　邮编：100028
法律顾问：陈鹰律师事务所
发行部：（010）88866079　　　传　真：（010）88877396
网　　址：www.oveaschin.com　　E-mail：oveaschin@sina.com

如发现印装质量问题，影响阅读，请与印刷厂联系调换。

一起快乐学科学

科学改变着世界，也改变着人们的生活。现代科学技术的突飞猛进，要求每个人都必须具备科学素质，而科学素质的培养最好能从小抓起。为从小培养青少年的科学精神和创新意识，教育部已将科学确定为小学阶段的基础性课程，科学知识正助梦着青少年的成长成才。学习科学，能激发青少年大胆想象、尊重证据、敢于创新的科学态度。未来是科学的世界，学科学是青少年适应未来的生存需要，更是推动社会前行的现实需要。然而面对林林总总的科学现象和话题，如何以喜闻乐见的方式让青少年获得科学解答，如何让他们在课外获取更多的科学知识，如何让他们在轻松的阅读中爱上科学，基于此，我们精心编撰了《爱上科学，一定要知道的科普经典》系列丛书，以此展现给青少年读者一个神奇而斑斓的科学世界。

科学存在于我们的身边，大自然的各种现象、生活中的各种事物，处处隐藏着科学知识。苹果为什么落地，树叶为什么漂浮在水面上，为什么先有闪电后有雷声，大雪过后为什么特别寂静，太阳为什么东升西落……这些看似极普通的自然现象，都蕴涵着无穷无尽的科学奥秘。《爱

上科学，一定要知道的科普经典》系列丛书，涵盖自然界和生活中的各类科学现象，对各种科学问题进行完美解答。在这里，不仅有《超能的力》《神秘的光》《神奇的电》，还有《能量帝国》《声音的魔力》《课堂上学不到的化学》等诸多科学知识读物，真正是广大青少年探索科学奥秘的知识宝库。

  本系列丛书，始终以青少年快乐学习科学为指引。书中话题经典有趣，紧贴生活与自然，抓住青少年最感兴趣的内容，由现象到本质、由浅入深地讲述科学。众多有趣的实验、游戏和故事，契合青少年的快乐心理，使科学知识变得趣味盎然。通俗易懂、生动活泼的语言风格，使科学知识解答更生动，完全没有一般科学读物的晦涩枯燥。精美的插图，或展现某种现象，或解释某种原理，图片与文字相得益彰，为青少年营造了图文并茂的阅读空间。再加上多角度全方位的人性化设计，使本书成为青少年读者轻松学科学的实用版本。

  走进《爱上科学，一定要知道的科普经典》，让我们在探索科学奥秘中学习知识，在领略科学魅力中收获成长。一起快乐学科学，一起开启精彩纷呈、无限神奇的科学之旅。

目录
MU LU

力的世界真奇妙

想飞出地球是不可能的 ……… 1
是弹力将花瓶打碎了 ………… 2
不摩擦，拿不稳 ……………… 3
既排斥，又吸引 ……………… 5

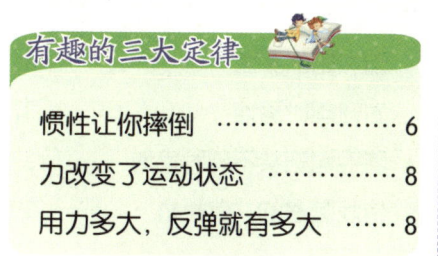

有趣的三大定律

惯性让你摔倒 ………………… 6
力改变了运动状态 …………… 8
用力多大，反弹就有多大 …… 8

是谁使得苹果落下

牛顿的苹果 …………………… 10
我们为什么不会从地球上掉
　下去 ………………………… 12
四季因引力而生 ……………… 13

疯狂的过山车

先挤压，后抛离 ……………… 14
不会从顶端掉下来 …………… 15
末节车厢最刺激 ……………… 16
身体不适者请回避 …………… 17

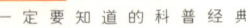

飞船升空了

从沉甸甸到轻飘飘 …………… 18
在太空中生活好难 …………… 19
失重与宇宙开发 ……………… 21

平衡的杂技

重心靠往钢丝绳 ……………… 23
椅子顶内外侧有别 …………… 24
云梯越短未必越安全 ………… 24

神奇的多米诺骨牌

一个力一个力传递下去 ……… 26
能量大得惊人 ………………… 27
牵一发而动全身 ……………… 28

小小弹簧能力大

弹性形变造就弹力 …………… 29
越压缩越反弹 ………………… 30
可测力，可称重 ……………… 30
推着时针走 …………………… 31
让人在蹦床中蹦起 …………… 31

鸡蛋中的力学

生蛋转不久，熟蛋转得久 …… 33
握碎鸡蛋不太易 ……………… 34
鸡蛋也能立起来 ……………… 34

两个铁球同时落地

伽利略的实验 ………………… 36
为何同时落地 ………………… 37
羽毛和石头不同时落地 ……… 37
惊险刺激的"跳楼机" ………… 39

不接触也有力

电生磁，磁生力 ……………… 40
有选择地"吸收" ……………… 41
两极吸力大 …………………… 42
离得近，"粘"得牢 …………… 42

AISHANG KEXUE YIDING YAO
ZHIDAO DE KEPU JINGDIAN
超能的力
爱上科学
一定要知道的科普经典

固体压强的秘密

承压有限度	55
躺在钉板上竟然不受伤	56
尖嘴助啄木鸟敲开了树皮	56
问题的实质是压力分配	57

别担心，列车不会掉下来

摩擦小，所以速度快	44
磁力让它悬在半空	45
神奇的超导电磁铁	46

漏水矿泉水瓶中的学问

各个方向均有水压	59
同一深度，水压相等	60
越深越压迫	60

给一个支点我可以撬动地球

一上一下的跷跷板	48
扳手真的很好用	49
滑轮组合出奇效	49
阿基米德真能撬起地球吗	50

浮浮沉沉话浮力

阿基米德的贡献	62
浮力源自压强差	63
钢铁也能浮在水面上	64
气球升了天	64

人的身上有杠杆

抬头既不省力也不费力	52
脚掌是一根省力杠杆	53
手臂比表现的更有力量	53
身体杠杆处处可见	54

流体大力士

很小的力生成了很大的力	66
万吨水压机是如何工作的	67
用嘴也能将书本吹起	68
液压传动与动植物	68

认识大气压

空气战胜了十六匹马 …… 70
空气越稀薄气压越小 …… 71
太空中没有气压 …… 72
气压可预报天气 …… 72

气压与日常生活

没有气压，你连汽水都喝不了 74
用真空吸尘器对付细尘 …… 75
大气压被关进高压锅里了 … 76
好用的"吸子" …… 76
将空气压进打气筒 …… 77

陆海空中的神秘魔力

铁路惨案的"凶手"是气流 …… 78
谁撞坏了"奥林匹克"号 …… 79
气流压强差托起了飞机 …… 80

肥皂泡，圆又圆

先升而后降 …… 81
普通水吹不出气泡 …… 82
泡泡总是圆形的 …… 83
"水立方"与肥皂泡 …… 83

打了你我的手也疼

奇怪，滑水运动员怎么不沉下去！ …… 85
你不可能提起自己 …… 86
弯腿才能跳得起 …… 87
生物中的"喷气式飞机" … 88

漂亮，球进啦！

穿过人墙的那一道美妙弧线 89
像电梯一样降落的"电梯球" 91
守门员的学问 …… 91
球场处处现"牛顿" …… 93

真神奇，力也可以合成！

既可合，又可分 …… 94
自由泳中的合成力 …… 95
合力助火车拐弯 …… 96

水滴中的学问

雨衣为何不透水 …………… 110
水面有层"橡皮膜" ………… 111
水珠又圆又灵动 …………… 112
"憎"水的玻璃 ……………… 112

美妙的喷泉

压力差促成水喷 …………… 114
为什么喷泉水珠会游动 …… 115
奇怪的间歇泉 ……………… 116
喷泉也能够"唱歌" ………… 116

迎风飞吧,无动力飞行器!

小小风筝飞得高 …………… 98
与气流一起上升的滑翔翼 … 100
滑翔伞有张"动力"伞 ……… 100

自行车上学问多

脚驱动的只是后轮 ………… 118
摩擦力使自行车停下来 …… 119
别让前轮先着地 …………… 122
轮胎中的秘密 ……………… 123

拱的力量

一层一层传递压力 ………… 104
拱心石常是楔形的 ………… 105
电灯泡坚固的奥妙 ………… 105
安全帽为何是半球形的 …… 106

小小陀螺转不停

陀螺是个"恒力士" ………… 124
先反转,后停止 …………… 125
转不停与离心力 …………… 126

有用的"工"字型

"工"字型的铁轨 …………… 107
"工"字型的连杆 …………… 108

爱上科学 超能的力
AISHANG KEXUE YIDING YAO ZHIDAO DE KEPU JINGDIAN
一定要知道的科普经典

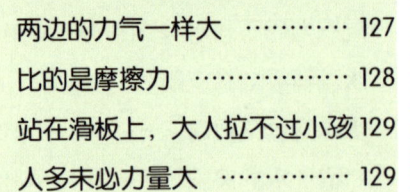

拔河只是比力气大吗
两边的力气一样大 ………… 127
比的是摩擦力 ………… 128
站在滑板上，大人拉不过小孩 129
人多未必力量大 ………… 129

鱼儿与潜水艇
潜艇靠增重减重实现沉浮 … 131
鱼儿沉浮的法宝是鱼鳔 …… 132
增加艇重是有条件的 ……… 132

坚韧的蜘蛛网
是"拉"出来的，而不是"吐"
　出来的 ………… 136
可以拦住"波音"747 ……… 137
为什么不粘蜘蛛自身 ……… 138

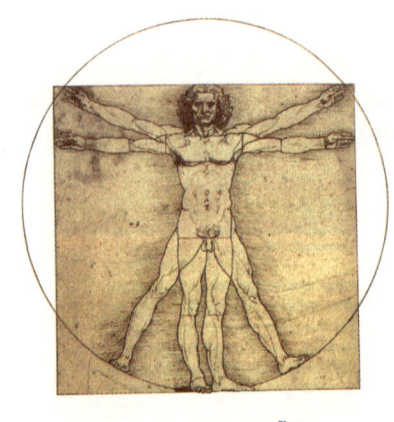

人体平衡的奥秘
平衡就是合力为零 ………… 140
耳朵不好，你是平衡不了的 … 141
飞机起降让人真难受 ……… 142
蒙上眼睛，走路走不稳 …… 142

户外活动请小心
身陷沼泽，越挣扎越下沉 … 144
用仰泳姿势逃离流沙 ……… 145
爬过冰面，而不是跑过冰面 146

力的世界真奇妙

> 什么是这个世界上看不见，却又最普遍存在的东西？是空气吗？哦不，是力！空气虽然很普遍，但在宇宙中还存在许多真空区，只有力才是这个世界上无所不在的！

力的世界很奇妙。你知道吗？我们之所以能拿稳一件东西、站着不摔倒、推动车子，甚至没有随地球的转动而掉到宇宙深渊，这全都是力的功劳！力按照性质分，大致可分为重力、弹力、摩擦力、分子力等几种；按作用效果分，又可分为拉力、压力、浮力、阻力等几种。

想飞出地球是不可能的

拿一只皮球，用脚使劲将它往天上踢。皮球飞得很高，可是无论它飞得多高，最终都将不得不重新落回地上。

奇怪，为什么皮球不能冲出天、飞到地球外面去呢？

答案就在于重力。重力是由于地球的吸引而使物体受到的力，它的方向总是竖直向下的。在地球上的物体，只要存在质量，就会有重力。重力的大小与质量成正比，也就是质量越大，重力越大。不过，相同质量的物体，在地球的不同地方，其受到重力大小也是不同的。这是因为重力的大小除跟质量有关外，还跟重力加速度有关。重力加速度是科学家在研究重力过程中提出的一个物理量，用 g 表示，它的数值可通过实验测算到。科学研究表明，重力的大小随重力加速度的增大而增大。在地球上，赤道的重力加速度最小，其数值约为9.79；南北两极的重力加速度最大，其数值约为9.83。所以，在地球上往上踢皮球，赤道上最省劲，而南北两极最费劲，因为皮球在赤道附近受到的重力最小，而在南北两极则最大。

是弹力将花瓶打碎了

科学研究表明，物体在受到外力作用下，其形状或体积会发生一定程度的改变，这种改变叫作形变。当外力停止作用后，一些物体不能够恢复原状，而一些则能够恢复。能够恢复原状的形变叫作弹性形变。发生弹性形变的物体，会对跟它接触且阻碍它恢复原来形状的物体产生力的作用，这种力就叫作弹力。弹力的大小跟形变的大小成正比例的关系，也就是：在弹性限度内，形变越大，弹力越大；形变越小，弹力越小；形变消失，弹力也跟着消失。一旦超出弹性限度，物体的形状将被完全破坏，不能再恢复原来的形状。

花瓶打碎正是这样的情景——因为花瓶摔到地面上，对地面有一个力的作用，这个作用使得地面发生形变（这个形变人的肉眼是看不到的，但它真实存在），从而产生一个指向花瓶的弹力。弹力作用在花瓶上，又使得花瓶发生形变。因为弹力足够大，已经使得花瓶的形变超出了弹性限度，所以最终花瓶的形状被完全破坏了，也就是由完整变成破碎了。

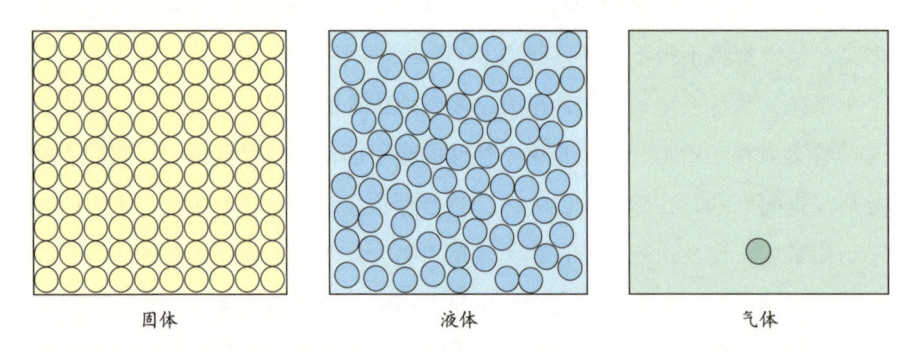

固体　　　　　　　　液体　　　　　　　　气体

物体有固、液、气三种形态，每一种形态的分子分布情况不同，因而表现出的分子力也不同。

弹力可以说是这个世界上我们最常接触到的一种力了。你知道吗？在日常生活中的各种相互作用，无论是推、拉、提、举，还是牵引列车、锻打工件、击球、弯弓射箭等，它们的本质其实都是弹力，因为它们都是通过弹性形变来实现力的作用的。相应地，我们日常生活中常说的压力、推力、拉力等，其实都是弹力。

不摩擦，拿不稳

对于人来说，握住一杆笔或拿住一个杯子是再轻松不过的事情，谁也不会觉得有难度。可是，假如在笔杆上或杯子表面抹一层油，这时你还能再轻松握住笔杆或杯子吗？不能了吧！因为油已经将笔杆或杯子表面的摩擦力减小了！

摩擦力是力家族中的又一重要成员，它跟我们的日常生活可是休戚相关的，因为有摩擦力，我们才能完成日常生活中的许多动作，如握笔、拿东西、睡觉等。那么，什么是摩擦力？它为什么能影响到人的日常动作呢？

原来，两个相互接触的物体，当它们做相对运动或具有相对运动的趋势时，在接触面上会产生一种阻碍相对运动或相对运动的趋势的力，这种力就叫作摩擦力。摩擦力在多数情况下是作为阻力存在的。作为一种阻力，它阻碍物体前行，同时也保证物体的稳定。如人在握东西时，东西在重力的作用下，原本是要往下前行的，但是由于人手表面的摩擦阻力，它的下落动作被阻止，最终稳稳地停留在人手中。同样的道理，睡觉时，由于有摩擦阻力的存在，人能安稳地躺在床中入眠。要是没有摩擦阻力，想象一下吧：假如你侧一个身，那你不是有滑倒在床底下的危险吗？其他靠摩擦力保持物体稳定的原理也与此类似。

摩擦力的大小跟接触面的粗糙程度有关，接触面越粗糙，摩擦力越大；接触面越光滑，摩擦力越小。所以，当在笔杆或杯子上抹上一层油时，由于摩擦力变小，原本轻易能拿住的笔杆或杯子一下就变得拿不稳了。

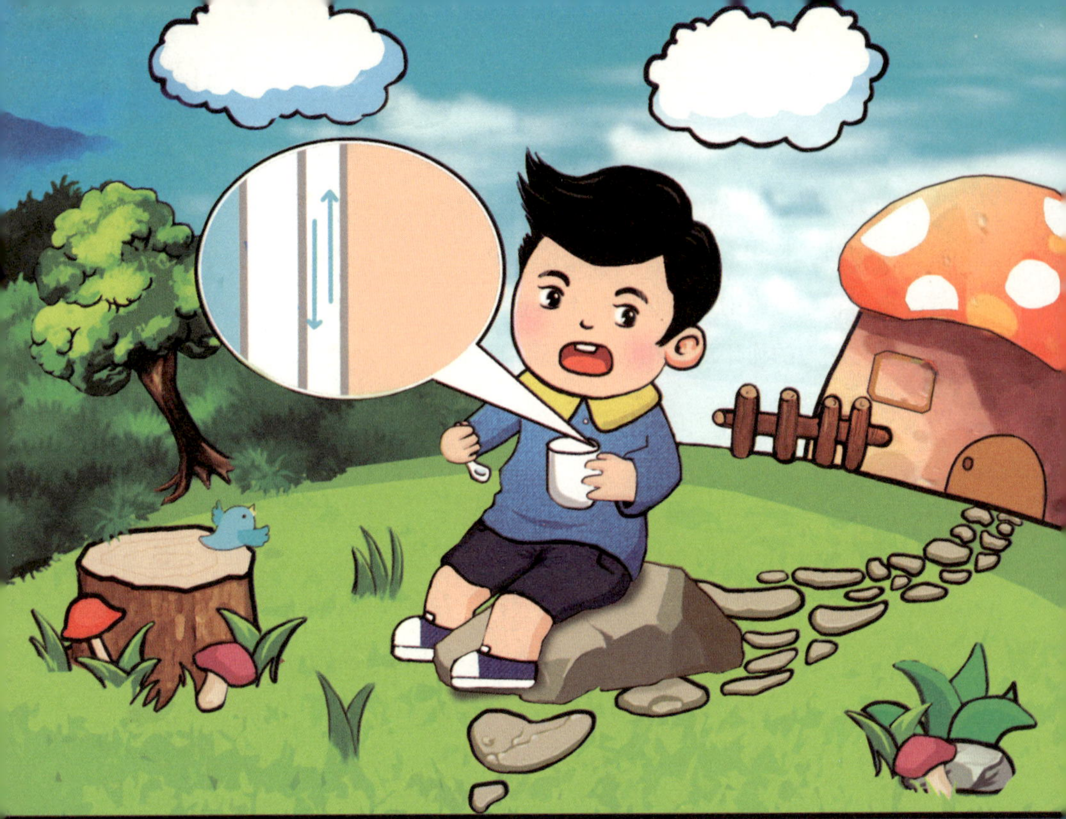

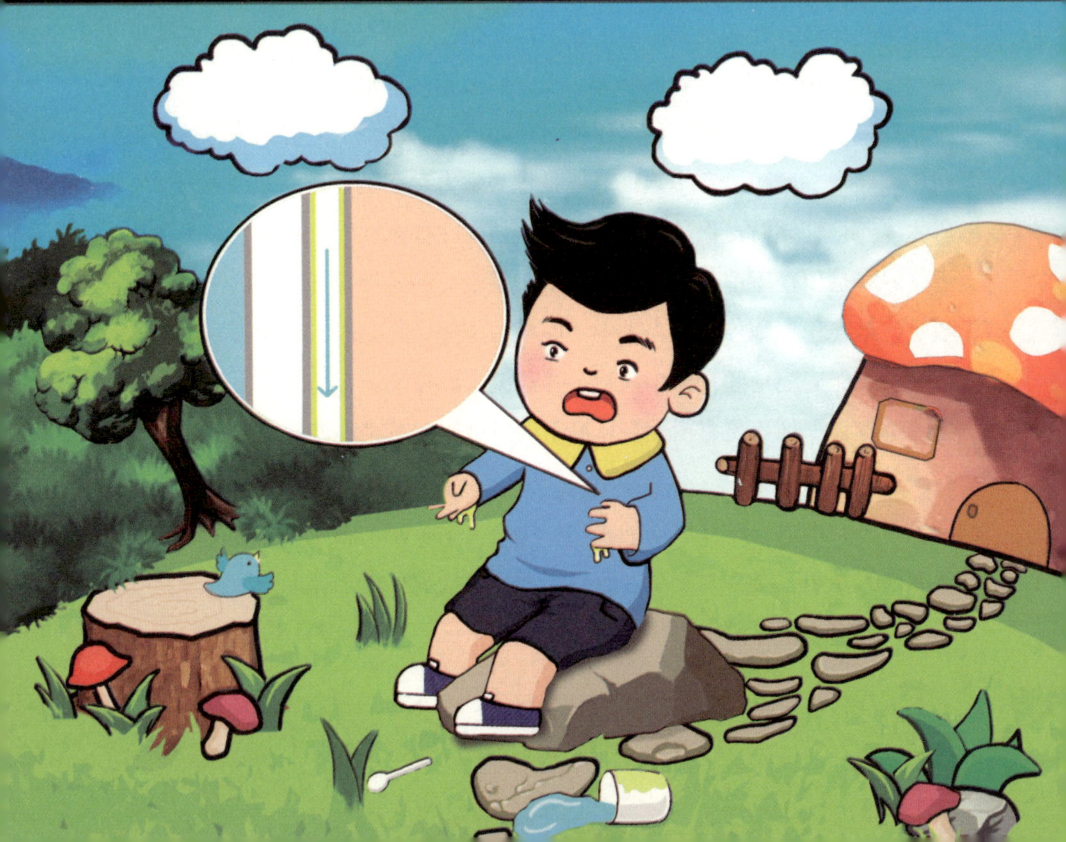

既排斥，又吸引

除了重力、弹力、摩擦力等更多体现在宏观世界的力之外，在我们看不见的微观世界里，还有一种不容忽视的力，它叫分子力。分子力是分子间的相互作用力，它非常有趣，有时候是吸引的，有时候又是排斥的。

分子力存在于任何物体中。看看我们的周围吧，所有的物体都离不开三种形态：固态、液态和气态。固态和液态的物体内有大量的分子，而气态的物体内则只有少量的分子。无论是大量的分子，还是少量的分子，分子间都是存在间隙的，但这并不妨碍这些分子聚合在一块形成固体、液体或气体，这正是分子间的吸引力在发生作用。反过来，分子间有引力，却又有空隙，没有被紧紧吸在一起，这又正说明了分子间存在着排斥力；另外，无论我们怎样对固体和液体加力，固体和液体也很难被压缩，而气体在压缩到一定程度后也很难再被继续压缩，这同样说明了分子间是存在排斥力的。

分子间的吸引力和排斥力是同时存在的，通常情况下，当分子间的距离较远时，主要表现为吸引力；而当分子间的距离非常接近时，则主要表现为排斥力。

科学小常识

自然界的四种基本力

按照不同的依据划分，力的种类有无数种，名称也形形色色，如按性质分的重力、弹力、摩擦力等，和按作用效果分的拉力、压力、向心力等。但是，所有的力其实最终都可以归结为四种：引力、电磁力、强作用力和弱作用力。这是自然界四种最基本的力，所有的力都是这四种力的具体体现，如重力是引力的体现，摩擦力是电磁力的体现。

有趣的三大定律

> 汽车启动了，还没坐好位置的你，身子突然向后摔倒；用力踢足球，足球由静止瞬间变成高速飞行；你恼怒地挥拳击打墙壁，结果你的手反而肿了

想过这些问题吗？日常生活中的许多力学现象，看起来是割裂、互不关联的，但其实它们都统筹在一个系统内，这个系统就是由牛顿建立的以三大定律为基础的经典力学。牛顿三大定律的表述是艰深枯燥的，不过，要是将它与日常生活结合在一起，你就不会觉得枯燥了。下面，就让我们通过日常生活来了解这三大定律吧。

惯性让你摔倒

牛顿第一定律的表述是这样的：一切物体总保持静止或匀速直线运动状态，直到有外力迫使它改变这种状态为止。

这是什么意思呢？意思是：当你无聊地盯着早餐时，你碗中的脆玉米粒一直是静止不动的。除非当你打起精神开始吃它们的时候，它们才会动。而当你淘气地敲打碗中的汤勺时，你的早餐突然飞出去了一半，其中有几块玉米粒在飞向空中后，落下时正好击在了你老爸的脸上。如果不是因为地球引力和空气阻力向下拉的缘故，玉米粒会一直沿着直线飞向高空，根本不会击在你老爸的脸上。

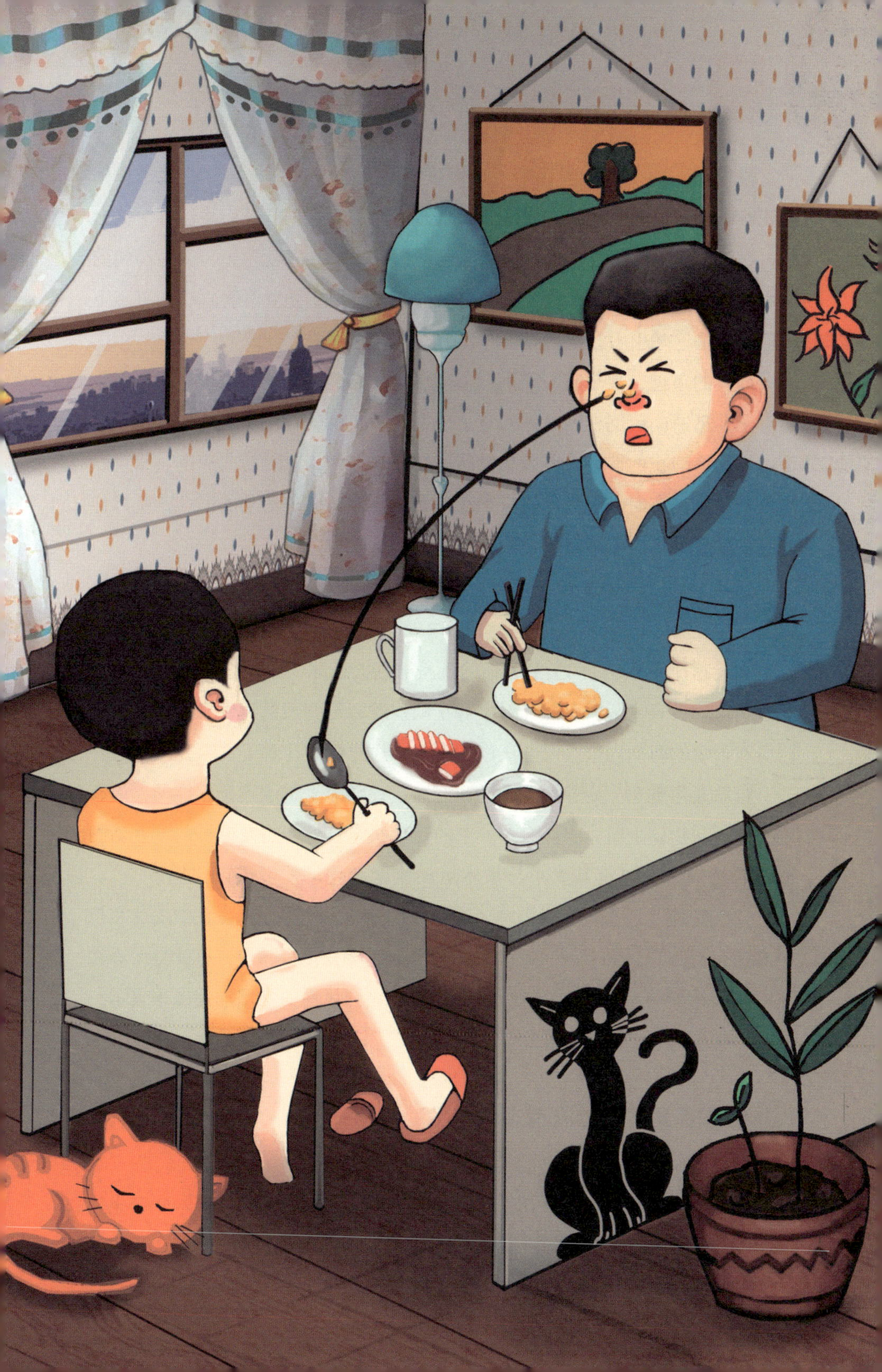

说得再明白一点，牛顿第一定律其实是有关惯性的定律。惯性是物体的普遍属性，任何物体都有保持原来状态的惯性，直到有外力将这种惯性打破——玉米粒原本是静止的，但是当用汤勺舀它时，它就动了，因为汤勺的作用力打破了它静止的惯性；飞出去后的玉米粒原本是要沿着直线一直飞下去的，但是地球引力和空气阻力的合力将它的这种惯性打破了。

同样的道理，乘车时，如果汽车突然启动而你的身子又没坐稳，那么你的身子会迅速向后倒，因为你的身子原本是静止的，在汽车开动的瞬间，它仍然要保持静止的惯性，所以相对前进的汽车来说，它就要向后倒。相反，当汽车紧急刹车时，因为你的身子在瞬间仍要保持向前运动的惯性，所以你的身子也会突然向前倾倒。

力改变了运动状态

在足球比赛上，守门员最害怕的就是被判罚点球，因为当被判罚点球时，对方罚球球员轻松一脚就能让原本静止的皮球以炮弹般的速度飞向球门，守门员在很短的时间内根本没办法截住皮球，除非侥幸扑对了方向。

这就是牛顿第二定律要表现的内容，它在学术上的表述是这样的：当有外力作用在物体上时，物体会改变它的运动状态。外力的大小与物体运动的改变趋势一致，并且其大小与物体运动速度变化的快慢成正比例。

这又是什么意思呢？意思是，运动员脚上的力使得原本静止的皮球实现了高速运行，并且脚上的力越大，皮球运行速度变化得越快，也就是皮球在短时间内达到的速度越大。这个运行速度变化的快慢通常用加速度来表示，它是力学中的一个重要概念。

用力多大，反弹就有多大

用力打别人一下，自己的手也会痛。这是什么道理？

原来，力存在作用力和反作用力两个方面。当物体 A 对物体 B 产生作用力时，物体 B 同时会对物体 A 产生一个反作用力，并且作用力和反作用力的大小相等、方向相反，且作用在同一条直线上。这就是牛顿第三定律。

牛顿第三定律在日常生活中的例子有很多，比如：不小心撞到一根电线杆上，电线杆立刻就把你弹回来；跑步时，脚用力向地面蹬踏，地面同时给脚掌提供起跑的动力；马拉车时，马同时受到车向后的拉力；火箭喷出一股强大气流推向地面，地面同时给火箭施以一股反推力，正是靠着这股反推力，火箭才得以升空……

一定要记住，作用力和反作用力的大小是相等的！所以，当你忍不住要打人时，可一定要小一点儿力哦，因为你使多大的力，反弹回你手上的力就有多大！当然，无论如何，打人是不对的。

科学小常识

只有上帝能超过牛顿

在影响人类进程的人物排名中，英国大科学牛顿排名第二，排在第一位的是上帝。牛顿作为人类历史上最伟大的科学家，对人类的贡献是巨大的，他不仅发现了奠定近代物理学基础的三大定律和万有引力定律，还在数学和其他学科上有卓越贡献。为了纪念牛顿，人们用"牛顿"作为力的单位，一牛顿的力在大小上约等于拿起两个鸡蛋的力。

是谁使得苹果落下

> 一个红彤彤的苹果"嘭"的从树上掉下来，砸到了大科学家牛顿的头上。这不但没有砸恼大科学家，反而还激发了他的灵感。从那以后，一个奠定近代物理学基础的定律——万有引力定律便诞生了。

苹果不经人采摘便落了下来，那一定是有一种神奇的力量在背后"作怪"。那么，是什么力量呢？答案就是万有引力。万有引力是自然界的四大基本力之一，它存在于任何有质量的物体之间。

牛顿的苹果

说到万有引力，就不得不再次提起那个堪称改变历史进程的"伟大苹果"。那是1666年的一个夜晚，年经的科学家牛顿在妈妈的苹果园里思考问题。当时他正在计算月亮是如何围绕地球旋转的，突然，"嘭"的一声，一只苹果从果树上掉了下来，而且不偏不倚，正好砸在了牛顿的头上。这一下激发了牛顿的灵感：苹果会落地，而月亮却不会掉落到地球上，苹果和月亮之间有什么不同呢？

牛顿一边嚼着那个"著名"的苹果，一边思考着。忽然，他想起了上学时伙伴们玩的"木桶游戏"。那是一个对瘦弱的牛顿来说有点危险的游戏，游戏中，一个人要手握一根绳子，绳子的一端系上一个装着水的木桶，然后

甩起来在头上旋转。如果转得不快的话，水会从木桶中洒出来；而如果转得足够快，水不会洒出来，就像被一种无形的力量拴住了一样。牛顿猛地意识到月亮和伙伴们手中的木桶极为相似，并且苹果跟月亮也存在某种内在的联系。

经过一番深入研究，后来牛顿终于找出了这种内在联系，那就是万有引力——不管是月亮，还是苹果，它们都受到一种相同性质的力。这是一种

引力,它使得月亮绕着地球旋转,苹果落在地上。引力体现在地球上,主要是以重力的形式,像苹果就是由于自身存在重力,所以才被地球吸引下来的。不过,引力又并不只体现在地球,在广袤的宇宙空间,各个天体也依靠着这种引力而存在,所以,它是万有引力。

我们为什么不会从地球上掉下去

从太空中看,地球就像一个飘浮在广袤空间中的球体,它有上下两半球。如果将地球的北半球看作上半球的话,那么南半球就是下半球。有趣的问题来了:当位于北半球的人们头上脚下地站立在地面上时,从太空中看,此时位于南半球的人们一定是头下脚上的。这还不是最奇怪的,最奇怪的是:为什么这些"头下脚上"的人们没有掉下去,掉到宇宙的深渊呢?

答案是因为万有引力。众所周知,人和地球都是有质量的,所以人与地球之间必定存在万有引力。地球对人的万有引力方向是指向地球中心的,而不是指向外太空,所以在这个力的吸引下,人始终位于地球中,而不会掉到外太空去。至于"头下脚上",那是太空中看到的情景,位于南半球的人们丝毫没有觉得自己"头下脚上"。

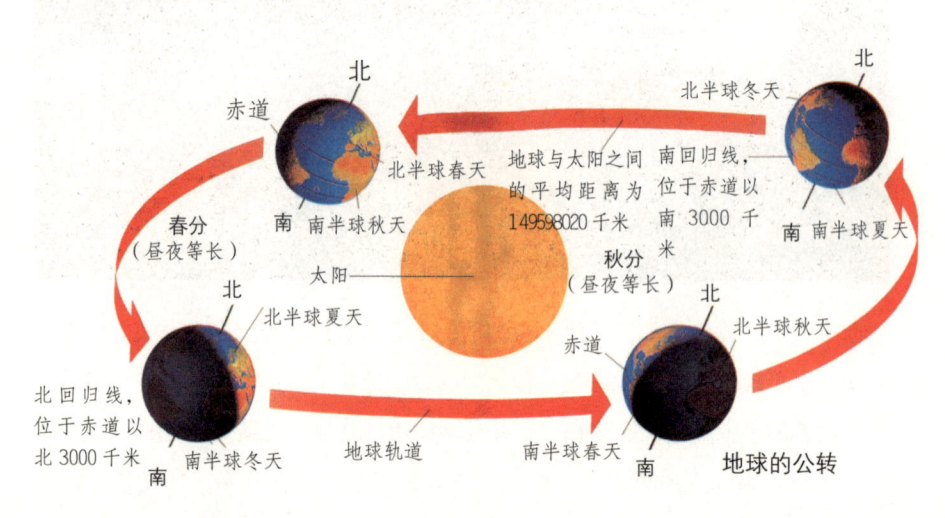

四季因引力而生

万有引力就像掌管宇宙生死的"判官",它决定着宇宙各天体的生死。你能够想象吗?要是没有万有引力,地球会像一匹脱缰的野马,因失去束缚而随处飘荡,有可能飘荡到没有光明、没有温暖的宇宙最深处;要是没有万有引力,太阳、木星、土星等天体将无法相互吸引而形成天体系统,这样,我们所熟知的太阳系也将根本不存在。

万有引力对地球最直接的贡献就是造成了地球的公转,从而使地球产生四季变化。众所周知,地球是太阳系中的一个行星,在太阳系中,它要绕着太阳旋转。为什么要绕着太阳旋转呢?这是因为太阳对地球有一个万有引力的作用,这个万有引力充当着地球的向心力(指向旋转中心的力)。在物理学上,当物体存在向心力时,都会做围绕旋转运动。所以,正是在万有引力作用下,地球才围绕太阳公转。

地球公转时是斜着身子旋转的。它的自转轴与垂直于公转轨道面的轴线成23°26′的夹角,且始终保持不变,因此,太阳光直射在地球上的位置就产生了有规律的变化:太阳光直射位置在地球的南、北回归线之间来回移动,一年往返一次,从而使四季交替出现。

科学小常识

有质量便有万有引力

万有引力是无所不在的,小到一根针和一根线之间,大到一个天体和另一个天体之间,它们都存在万有引力,因为它们都有质量。牛顿首先发现万有引力定律,得出引力大小与物体质量乘积成正比、与距离平方成反比的结论。所以,物体的质量越大,万有引力越大;距离越大,万有引力越小。

疯狂的过山车

> 游乐园里，一群勇敢的游人正坐在过山车里。他们一次又一次从地面冲向高空，然后又一次又一次从高空冲向地面，身体不断弯曲，嘴里不停叫喊，真是够疯狂、够刺激的！

过山车是现代游乐园中的一种常见游戏，它利用轨道将一些能坐下人的小车固定在一个稳定的运动线路内，然后借助各种力让小车在运动线路内回环旋绕。过山车是非常刺激的，它虽然看起来有点让人"胆战心惊"，但实际上并没有危险。

先挤压，后抛离

过山车的背后可包含着不少力学知识。

首先就是超重和失重。

过山车的超重、失重是不断变化的，且这个变化具有周期性，这跟电梯里的超重、失重情况是不同的。过山车的轨道由一个一个回环组成，有的过山车回环轨道多，有的则少；回环既可以是圆形的，也可以是其他弯曲形的。当小车沿着回环移动时，作用在乘客身上的合力在不断地变化。在回环的最底部，因为小车获得一个使其旋转的向上加速度，所以轨道对游客向上的支撑力要大于重力，这时游客可以体验到超重的感受，即感觉身体特别沉重，像有什么东西在用力挤压自己一样。当一路冲上回环，重力会把乘客压在座

位上,所以乘客仍然感觉身体不轻松。

到了回环的顶部,乘客完全倒转了过来,指向地面的重力以及轨道向下的支持力想把乘客拖出座位,但因圆周运动而产生的离心力"不甘示弱",这个力背离圆心,指向天空,将乘客牢牢稳定在座位上。由于两股力方向相反,大小大致相等,所以在相互抵消下乘客感觉身体变得极轻,这是失重的表现。

等小车驶出回环,沿水平方向行进,乘客又再次回到原来的受力状态,如此周而复始。

不会从顶端掉下来

坐过过山车的人都知道,过山车的最高潮部分就在回环的最高点上。在这个最高点,游客看起来似乎时刻都有可能掉下来,真是让人担心。不过丝毫不用担心,游客根本不会掉下来,因为有一股力量在保护着他!

用日常生活中的一个常见现象就可以很好地解释这个问题:拿绳子拎住一瓶水,将瓶口朝下,然后快速舞动绳子,使水瓶做圆周运动;只要速度足够快,那么瓶中的水就不会洒出来。我们知道,这是由于失重的缘故。失重的时候,重力并没有消失,而是在"忙"着做其他的事情,因此顾不上把水从瓶子中拉下来。

那么,重力在"忙"着做什么呢?原来,它在忙着拴住水瓶,免得水瓶抛离出去。

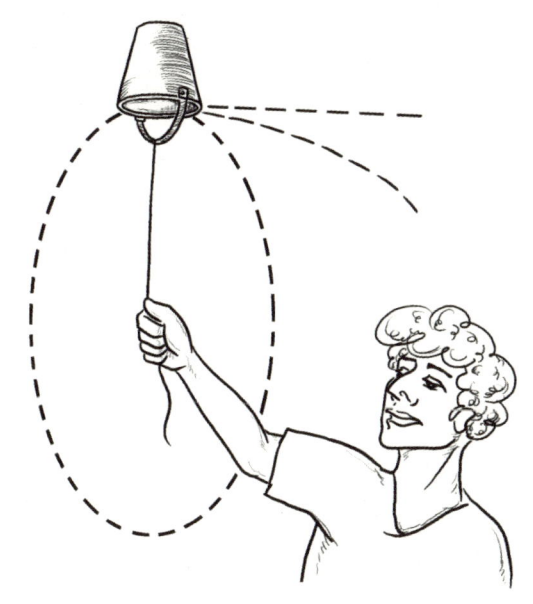

拿绳子拎着水桶快速舞动,只要速度足够快,水桶中的水九不会洒出来。

众所周知，做圆周运动的物体，都有摔出去的趋势。例如乘坐汽车的时候、汽车急转弯，我们的身体也会跟着摔出去，这时只有紧拉住车上的扶手，得到一个指向圆心的力（也就是向心力）才能避免危险。同样的道理，当水瓶旋转到最高点的时候，重力充当起水瓶做圆周运动所需的向心力。这个向心力的作用就是防止水瓶被甩出去，它和汽车拐弯时扶手拉着我们的作用是一样的。在重力不够的时候，绳子的拉力还要来帮忙，所以，重力在这个时候再也没有"余力"把水从头顶上拉下来了，因而，水自然不会洒出来。

过山车不掉下来的原理与此完全相同，只不过它的构造要复杂得多，它对重力、运行速度的设计要求也严谨得多。一般来说，过山车的速度越大越安全，如果由于某种原因，过山车的速度不够大，那么就可能发生车厢跌落的事故。

末节车厢最刺激

过山车的最后一节小车厢是过山车赠送给勇敢者的最刺激礼物，因为在过山车大回转过程中，最后一节车厢被抛离的感受是最强烈的。

地球上的任何物体都要受到重力的作用，从效果上看，无论物体形状有多大，其重力的作用都可以认为集中于一点，这点就是重心。重心的位置与物体的形状及质量分布有关，形状规则、质量分布均匀的物体，其重心在它的几何中心。过山车可以看作一种形状规则、质量分布均匀的物体，它的重心在过山车的中部车厢。因为重力作用于过山车的中部车厢，所以通常最后一节车厢通过最高点时的速度比车厢头部要快，因为当车厢头部经过最高点时，它的重心仍在"身后"，在短时间内，车厢头部虽然处在下降的状态，但是它要"等待"重心越过最高点时才被重力牵引。而车厢尾部则不同，它会借助重心正在加速向下的时机，以最大的速度到达和跨越最高点，从而给人一种被抛离的感觉。

车厢尾部的被抛离感是非常强烈的，要不是车厢的车轮牢固地扣在轨道上，以及车厢上的安全绳带紧紧地拴住游人，游人十之八九会被脱轨甩出去。

所以，很多人在坐完过山车后，往往心有余悸，再也没有勇气去坐第二回。

身体不适者请回避

过山车虽然惊险刺激，不过还真不是什么人都能去玩的。因为它对人体具有一定的负面作用，如果身体不适的人去坐过山车，有可能使身体出现意外。

过山车对身体的负面作用首先体现在胃。胃是用来消化食物的器官，胃里通常留有胃液和食物残渣。在过山车失重后，人体胃里的胃液和食物残渣不像平时一样保存在胃的底部，而是有一部分上升到了从食管到胃部的连接处。一般那里很敏感，就像我们的小舌头，一碰就想吐。所以它一被刺激，人体就会感到难受，要么饱胀难忍，要么恶心呕吐。

当过山车从高空冲下来的时候，游客会感到整个心似乎都悬在了空中，很不踏实。实际上，并不是心脏的位置提高了，而是自身的重心位置相对平衡位置提高，产生向下的加速度。因为这种心脏的"上浮"，人往往会有不适的感觉。

过山车还会使人的血液循环系统不能适应，因为它影响了心脏的正常工作，使心脏不能正常供血。如果时间过长，大脑会因缺乏血液输送而缺氧，这样脑部也会受到损伤。此外，过山车的失重还能让人的肌肉萎缩，骨质出现疏松。

飞船升空了

"升空了！"2003年10月15日，随着中国首艘载人飞船"神舟五号"的顺利升空，地上的人们发出了赞叹声。此后，在与飞船通信的画面中，人们看到了航天员像鱼一样飘浮在太空舱中，非常神奇！

或许你会很好奇：为什么航天员会像鱼一样飘浮在太空舱中呢？其实这是因为失重。太空中的失重可比地球上强烈得多，明显得多。从地球上发射的航天器，无论是航天飞机、载人飞船，还是人造卫星，一到了太空，立刻就变得"轻飘飘"的。

从沉甸甸到轻飘飘

航天器借助火箭发射升空后，以极大的速度冲向大气层。在这个过程中，航天器需要获得巨大的向上加速度，因而处于超重状态。这个超重状态是非常强烈的，如果航天器内有航天员，航天员往往会受到十几倍于自身的压力。要是航天员没有接受过严格的专业训练，他可能会两眼发黑，动弹不得，甚至失去知觉。所以，航天员在遨游太空的时候，并不是一开始就"轻飘飘"的，他先要经过一个"沉甸甸"的过程。

当航天器冲破大气层，到达轨道上空的时候，由于来自于地球的万有引力全部用来提供绕地球运行所需的向心力，所以此时航天器内的物体处于完

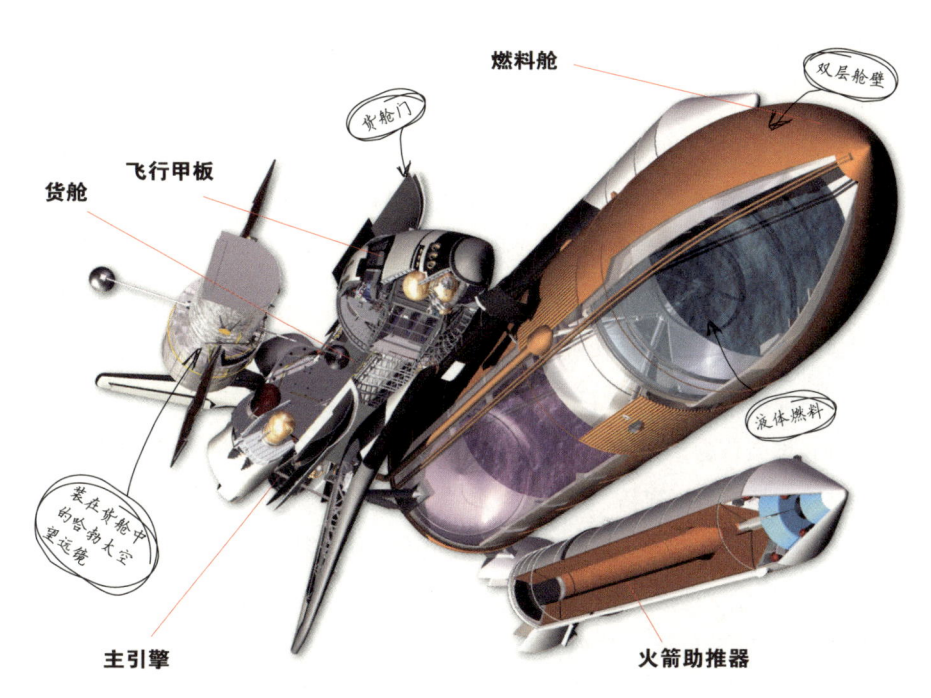

AISHANG KEXUE YIDING YAO
ZHIDAO DE KEPU JINGDIAN
超能的力 爱上科学
一定要知道的科普经典

燃料舱
双层舱壁
货舱门
飞行甲板
货舱
液体燃料
装在货舱中的货物太空望远镜
主引擎
火箭助推器

全失重状态，轻轻一碰就会"飞"起来。

　　航天器在太空中没有物体支撑它，也就是说它对于支撑它的物体没有压力，是处于完全失重状态。但这并不是说，航天器的重力就消失了或者大幅度减小了。事实上地球对航天器的引力始终存在，而且在100千米的高度上，地球重力也仅仅比地球表面减少大约3%，只不过由于地球的引力全部用来提供航天器旋绕地球所需的向心力，重力作用效果没有体现在其他方面（如下压物体），所以航天员才会感觉完全失重。这跟下落的带孔水杯不会喷出水的道理是相似的。

在太空中生活好难

　　宇航员在太空中遨游的情景非常令人羡慕，可是你知道吗？其实宇航员在太空中的生活是非常困难的，因为太空中的失重环境会给他们带来诸多不便。

比如说洗漱，宇航员刷牙不能使用牙膏和牙刷，而是嚼一种类似口香糖的胶质物，让牙齿上的污垢黏在胶质物上，以达到清洁牙齿的目的。洗脸也不用清水和毛巾，只是用浸湿的纸巾擦擦脸，将这种湿纸巾贴在梳子上梳头，就算是洗头发了。宇航员的浴室是一个像手风琴一样的套子，挂在卫生间的顶棚上，使用的时候放下来，不用时可以折叠起来放在原处。洗澡的时候，宇航员必须按照事先编好的程序操作：先把通到浴室外的呼吸管套在嘴上，用夹子把鼻子夹住，以避免从嘴角和鼻子吸入污水；然后放下密封的塑料套，使浴室形成真空，防止水珠飘到外面；接下来穿上拖鞋，启动电加热器，水温合适时即可洗澡了。

你也许会认为，在太空中美餐一顿是一件多么令人惬意的事情。实际上，在太空吃一顿饭可不容易，因为太空食品远没有我们日常生活中的食品丰富。在太空中，像"炒麦粉""一口酥"之类带有粉末特性的食品是绝对不能食用的。因为一旦这些粉末从容器中或宇航员口中溢出，它们很快就会布满舱内的每个角落，到处飘浮，极易被吸入宇航员的肺中，造成安全事故。所以，早期的宇航员只能食用"牙膏袋装"食品，以"挤牙膏"的方式进食。20世纪80年代开始，宇航员的饮食有了一些改观，出现了

在航天飞机外的宇航员　　　　失重状态下的宇航员

专门的"简易食堂"。

航天员在太空中睡的都是"糊涂觉",其表现一是黑白不分,二是睡姿奇特。黑白不分,是说宇航员在天上绕地球航行,而太空里的日出日落是由航天器绕地球一圈的时间而定的,因而,24小时内日出日落会多次交替出现,如

黑洞的重力井示意图

此,宇航员只好机械地按钟点来安排自己的作息。睡姿奇特,是说宇航员在失重环境中分不清上下左右,找不到"躺"的感觉,所以航天器上没有床,而航天员可以在太空舱的任何地方、以任何姿势睡觉。在失重环境里睡觉,最奇怪的现象之一就是人睡着了,两臂却会自己摆动。因此,多数航天员睡觉时都会钻进布袋,拉上拉链,将自己固定在舱壁上,这样既能保暖,睡着时又不会飘走。

失重与宇宙开发

失重虽然给航天员带来诸多不便,但是它也并非一无是处。利用太空中的失重环境,人类还能创造出许多在地球创造不出来的东西呢!

在地球上,液滴通常不是绝对圆的,因为受到重力的作用,它会塌下去而形成扁形球状。而在太空中,失重的环境能够让液滴呈绝对球形。因为失重时液体不会有容器壁的影响,这时候决定其形状的主要因素就是液体内部的分子力。分子力包含引力和斥力两种,在液体表面,引力略大于斥力,差值即为表面张力。表面张力使液体在自由状态下表面积趋于最小。因此不受外界作用时,自由液滴呈绝对的球状。利用这一原理,在太空中将金属液滴

制成绝对圆的滚珠,那将给现代机械制造业带来令人惊喜的益处。

玻璃纤维(一种很细的玻璃丝,直径为几十微米)是现代光纤通信的主要器件。在地面上,不可能制造很长的玻璃纤维,因为没等到液态的玻璃丝凝固,由于受到重力,它就已被拉成小段。而在太空的失重环境中,可以轻松地制造出几百米长的玻璃纤维。

在电子技术中所用的晶体,在地面上生长时,由于受重力影响,晶体的大小受到限制,而且要受到容器的污染,而在失重条件下,晶体的生长是均匀的,生长出来的晶体也要大得多。

此外,在太空失重环境中,还可以制造出许多其他新型器件。

科学小常识

向心力和离心力

自然界中存在一对矛盾力,它们是向心力和离心力。向心力是物体做圆周或弯曲轨道运动时指向圆心的力,它不是一种真实独立的力,而是其他各种力的合力效果,如重力、绳子拉力等都可以单独或结合充当向心力。离心力同样是一种假想的力,它的表现效果与向心力完全相反。任何物体做圆周运动都需要向心力,而只要有向心力则必定有离心力。

平衡的杂技

> 舞台上正在表演杂技节目，只见演员们一会儿走起了钢丝，一会儿顶起了椅子，一会儿又玩起了高难度的"爬云梯"。他们的精彩表演赢得了观众的阵阵掌声。

杂技是一种极富技巧性的表演形式，它的背后蕴含着许多物理知识，其中力学是一大块。你知道吗？杂技演员都有极强的身体平衡能力，而之所以有这么强的平衡能力，是因为他们善于运用重心，巧妙地利用重心来帮助自己平衡身体。

重心靠往钢丝绳

"走钢丝"应该是杂技表演中较常见的一个节目了。在该节目中，演员脚底下踩着一根只有晒衣服绳子那般细的钢丝，却能如履平地，自如地在上面做着走、跳、跪、卧等动作，有时还能跳绳、翻跟斗、跳舞呢。真是精彩极了！

那么，从力学角度来说，演员们是如何做到这一点的呢？

其实，不管什么物体，要保持平衡，物体的重力作用线（通过重心的竖直线）就必须通过支撑面（物体与支持着它的物体的接触面）。如果物体重力作用线不通过支撑面，这个物体就要倒下来。这就是平衡的原理。

根据这个原理，走钢丝的杂技演员，始终要使自己身体重力作用线通过支撑面，这支撑面就是钢丝。钢丝很细，给人的支撑面极小，使身体重心恰巧落在钢丝绳上的难度很大。但是，杂技演员通过平时专业的训练，很好地掌握了重心的技巧，他们能将身体的重心尽量地往钢丝绳上靠。另外，生活经验告诉我们，当身体不平衡，摇晃着要倒下时，人们往往摆动两臂，以此使身体重新站稳。两臂的摆动，是在调整重心作用线，使之通过支撑面，从而恢复平衡。体操运动员在平衡木上，也常常有这样的动作。杂技演员走钢丝，当然也必须伸开双臂，以左右摆动来掌握重心，以此来保持身体平衡。他们手中时常还会拿着长长的竹竿，或者花伞、彩扇等，你不要以为他们是在作秀、托大，它们可是演员们平衡身体的必要辅助工具呢！

椅子顶内外侧有别

杂技表演中有一个叫作"椅子顶"的节目。这个节目也很精彩：演员把椅子（有时还有桌子），一个一个、一层一层往上加；椅子看起来很不平稳，有的还斜向外支着。就是在这么一个看起来并不平稳的场景中，演员们却可以在上面倒立，令人惊叹不已。

其实，只要是细心的观众都会发现，在演员登高表演时，他们总是在椅子的内侧，从不在外侧。这就是椅子顶的秘密所在，椅子不会翻倒的关键就在那演员的活动区域。因为不管演员怎样架高椅子，他总是在内侧活动，这样就可以使他和椅子合起来的合力作用线保证通过地面上的那个椅子的支撑面。这样，四条腿合起来的总支撑力就能竖直向上地与上面部分的总重力相平衡，因而演员能够在椅子上面平稳地倒立。

云梯越短未必越安全

杂技表演中最惊险刺激的恐怕就是"爬云梯"了。在这个节目中，一个体格健壮的演员要用自己的双肩顶着一架足有五六米高的梯子，然后让另外几个演员陆续爬到梯子的顶端，在梯子上进行各种表演。

在表演这个节目的时候，往往观众们看得提心吊胆，而演员们却似乎轻轻松松。其实，这个轻轻松松的背后是演员们多年的辛劳，同时它也是巧妙利用重心的结果。众所周知，梯子头重脚轻很容易翻倒，况且它又是架在空中（顶在演员的肩上相当于是架在空中），所以要想保持平衡是非常难的。但在此节目中，肩膀上顶梯子的演员，凭借着他敏捷的感觉，把梯子的基底位置随时加以灵活调整。当梯子向前倾时，他的肩膀立即向前挺；当梯子向后倒时，他的肩膀也随即向后退。这样，使重力作用始终通过基底，梯子就倒不下来了。

或许有人会想：将梯子弄短一点是不是能更安全一点，更有利于表演呢？答案是未必。

我们可以用顶一支铅笔和顶一根两三米的竹竿来比较一下：当将铅笔或竹竿竖直放置时，只要一松手，铅笔或竹杆都会因失去平衡而倾倒。竹杆的重心较高，稳定性不及铅笔，所以更容易倒下。但是，正是因为竹竿重心高，因此从开始倾斜至倾倒在地，所需时间也比铅笔倒下的时间要长得多。这样，在偏离平衡的距离相同的情况下，竹竿越高，从离开平衡位置到某一偏离位置需要的时间越长。因此，尽管竹竿长，重心高，对稳定性不利，但是由于它下落时间长，因而在基底可以移动的情况下，演员有充分的时间来调整竹竿的平衡，这样，不利就能变为有利，因而顶竹竿反倒比顶铅笔容易。由此可见，缩短梯子高度并不能有利于表演。

演员们上梯下梯，人们往往认为是杂技表演的开始和终了，因而并不十分注意，其实这是表演难度最大的情景。因为这时重心位置不固定，有时甚至降得很低，因而顶梯子的演员不容易把握重心，调整也变得困难。为此，要求演员要动作敏捷，表演要有节奏，且每个动作完成后必须有一定的间隙。

神奇的多米诺骨牌

2008年11月19日，在荷兰陆瓦尔登市，一群来自世界各地的青年人码放起了432.1万张骨牌。他们要干什么呢？哦，原来他们正在做一个力的接力游戏——多米诺骨牌游戏。

多米诺骨牌是一种用木块、骨头或塑料制成的长方形牌片，玩时将骨牌按照一定间距排列成行，轻轻碰倒第一枚骨牌，其余的骨牌就会产生连锁反应，依次倒下。多米诺骨牌是全世界盛行的一种游戏，它同时也适用于专业比赛。

一个力一个力传递下去

如果你见过大型的多米诺骨牌游戏，你一定会为它壮观的场景赞叹：数量众多的骨牌或形成一条长龙，或形成一幅图案；在接连撞击之下，骨牌发出清脆悦耳的声音，那一张接一张倒下去的气势令人忍不住屏住呼吸……

那么，多米诺骨牌是如何做到这些的呢？原来，借助一个外力，多米诺骨牌中的第一个骨牌以骨牌底部为圆心、骨牌长度为半径做圆周运动，圆周运动所需的力来自重力；运动后，第一张骨牌将第一个力与重力加速的合力传递给第二张骨牌，如此一传二、二传三，最终使得每一个骨牌都因受到传递过来的力而倾倒下去。

从能量角度来说，骨牌竖着时，重心较高，倒下时重心下降，倒下的过程是将重力势能转化为动能的过程。第一张骨牌倒在第二张骨牌上，第一张骨牌获得的动能就转移到了第二张骨牌上，第二张骨牌将第一张骨牌转移来的动能和自己倒下过程中由本身重力势能转化过来的动能之和再传到第三张牌上，如此反复传递。

能量大得惊人

骨牌在一张一张倒下去的时候，后一张骨牌的动能都比前一张要大，因此它们的速度是一个比一个快，也就是说，它们依次推倒的能量是一个比一个大。你可别小看这能量，单独看一个可能觉得并不怎么样，但当它积累起来的时候，却大到吓人！

加拿大不列颠哥伦比亚大学物理学教授怀特海德，曾经用13张骨牌制成了一个多米诺骨牌模型。这13张骨牌，第一张最小，长约为9.5毫米，宽约为4.8毫米，厚约为1.2毫米，还不如小手指甲大。以后每一张骨牌体积扩大1.5倍，这个数据是按照一张骨牌倒下时能推倒一张1.5倍体积的骨牌而选定的。依据这个规律，最大的一张骨牌，也就是第13张骨牌，其长度约为61毫米，宽度约为31毫米，厚度约为8毫米，牌面大小接近于扑克牌，而厚度则相当于扑克牌的20倍。

当将这些骨牌按适当间距排好后，轻轻推倒第一张，必然波及第13张。根据怀特海德的计算，多米诺骨牌效应的能量是按指数形式增长的，当第13张骨牌倒下时，其释放的能量比第一张骨牌倒下时要整整增大20亿倍！可见，多米诺骨牌产生的能量之大确实是令人瞠目结舌的。

怀特海德曾设想，假如按照上面所说的体积递增规律，制成32张的多米诺骨牌，那么，第32张骨牌的高度将高达415米，两倍于美国纽约帝国大厦。如果将这32张骨牌推倒，那么那摩天大厦在一指之力之下就会轰然倒塌！

怎么样？现在能了解多米诺骨牌的威力了吧？

牵一发而动全身

多米诺骨牌以其超乎想象的连锁反应让人们惊叹，根据这个现象，人们提出了多米诺骨牌效应。多米诺骨牌效应就是在一个相互联系的系统中，一个很小的初始能量就可能产生一连串的连锁反应，简单点说就是"牵一发而动全身"。

多米诺骨牌效应在现实生活中是有深刻反映的：第一棵树的砍伐，最后导致了整个森林的消失；一日的荒废，可能是一生荒废的开始；第一场局部战争的出现，可能使得整个世界都陷入战火的泥潭……这些都是多米诺骨牌效应。

多米诺骨牌效应或许只是个趋势，又或许只是个预判，但这个趋势、这个预判是有依据的，所以人们不能掉以轻心。假如在第一张骨牌倒下去的时候——第一棵树被砍伐、第一日荒废开始、第一场局部战争出现，人们仍然没能足够重视，那么灾难将不可避免地出现。或许这一灾难的出现要经过一个较漫长的时间，但终究会到来！

小小弹簧能力大

> 动画片马上就要开播了，急匆匆回家的陈辉猛地推开家里的门，一下忘记了这扇门后面是带弹簧的。结果"嘭"的一声，反弹回来的弹簧门差点撞在紧跟其后的妈妈头上。

弹簧可是日常生活中最常见的器具之一，不仅在弹簧门上有弹簧，在其他很多地方也到处可见弹簧的影子，如椅子中的弹簧、家用电器开关中的弹簧、机械钟表中的弹簧、扩胸器、弹簧秤，等等。弹簧是借助弹力来作用物体的，弹力的大小与弹簧的形变有关。

弹性形变造就弹力

我们知道，任何一个会发生弹性形变的物体，它都会产生一个弹力。弹簧的弹力也是由弹簧本身的形变造成的，因为弹簧本身就是一种很柔软的材质，它的长度、形状可以轻松变化，变化后又可迅速恢复原状。在变化—恢复的过程中，弹力自然而然就生成了。

从本质上来说，弹簧的弹力其实是分子间的作用力。当物体（弹簧）被拉伸或压缩时，分子间的距离便会发生变化，使分子间的相对位置拉开或靠拢，这样，分子间的引力与斥力就不会平衡，出现相吸或相斥的倾向，而这些分子间的吸引或排斥的总效果，就是宏观上观察到的弹力。如果外力太大，分子间的距离被拉开得太多，分子就会滑进另一个稳定的位置，这样，

即使外力除去后，弹簧也不能再恢复到原来形状，这时弹簧就失了效。

越压缩越反弹

弹簧的本领大着呢，它不仅可以使劲拉紧物体，而且可以拼命推开物体。无论是拉紧，还是推开，弹簧的弹力都遵循一定的规律，这个规律就是胡克定理，它是由英国物理学家胡克首先提出来的。

胡克通过实验发现：弹簧的弹力跟弹簧的材质与构造有一定的关系；当弹簧材质与构造一定的时候，弹簧的伸缩形变（弹簧离开平衡位置的距离）越大，弹力越大，反之就越小；伸缩形变消失，弹力也跟着消失。

由此也可以看出，当一个人压缩或拉伸弹簧时，压得越紧或拉得越长，费的劲就越大，因为压得越紧或拉得越长使得弹簧离开平衡位置的距离越大，这样产生的弹力也越大。所以，在面对日常生活中要利用弹簧来复位的一些设备时，我们要懂得使用技巧，不是越大力越好的。如推弹簧门时，我们就不能用大力，最好用轻力，因为推的力越大，门反弹回来的力也就越大。

可测力，可称重

在学校里，老师们经常用一种叫作测力计的工具来测量力的大小；而在商店里，商贩们则用压力秤来称量商品的重量。其实无论是测力计，还是压力秤，它们用到的都是弹簧的原理。

利用弹簧的形变与弹力成正比的关系，可以制成测力计。测力计的下端有一个钩子，这个钩子是和弹簧下端连在一起的，弹簧的上端固定在壳顶的环上。当将被测物体挂在钩子上时，弹簧即伸长，而固定在弹簧上的指针随之下降。由于在弹性限度内，弹簧的伸长与作用力（等效于弹力）的大小成正比，因此作用力的大小或物体重力可以从测力计的指针指示中直接读出来。

压力秤是测力计的另一种类型，它的主要构件也是弹簧；除弹簧外，还有一个承托物品的托物盘。由于托物盘所承受的压力等于物体的重力，称重时，弹簧形变所产生的弹力与被测物的重力相平衡，故根据形变量的大小即可得到被测物的重力，再根据重力与质量的关系，即可确定物品的质量。

弹簧使用时间过长，由于经常发生弹性形变，分子间的引力与斥力平衡改变，所以弹簧长度和伸缩一定距离所需施加的力就会改变。因而，测力计和压力秤用得久了，有可能会变得"不太准"。

推着时针走

很多人家里还有那种旧式的机械挂钟，这种挂钟"嘀嗒嘀嗒"地走着，一到整点就敲出响亮的钟鸣。跟电子时钟比起来，它是别有一番味道。那么，你知道机械挂钟是如何运转的吗？拆开挂钟你就知道答案了。

机械挂钟里面有一种最重要的部件，它叫作发条。发条其实是一种特殊的弹簧，会发生弹性形变，因而会产生弹力。由于发条的弹性形变量较大，且制成发条的材料是一种材质柔软、韧度极大的弹性材料，所以它产生的弹力比普通弹簧要大，且持久得多。当将发条上紧时，发条立刻弯曲变形，储存下强大的能量（弹性势能）。释放后，发条的弹力将通过传动装置推着挂钟的时针、分针和秒针转动，从而实现时钟运转。这个过程是弹性势能转变为动能的过程。

让人在蹦床中蹦起

弹簧的应用中有一个非常有趣的例子，它就是蹦床。蹦床是在一个充满弹性的平台上，表演者先是用脚蹬地，然后在弹力的帮助下，在平台和半空中做出各种表演动作。这可是奥运会的一个正式比赛项目呢。

蹦床的原理就是弹簧的原理：当人接触蹦床的时候，蹦床会发生形变，进而产生驱使人上升的弹力；如果人不动，形变产生的弹力等于人的重力，且方向相反，因而受力平衡。

具体来说，当人下蹲后再向上起跳时，获得一个向上的加速度。这个加速度是由蹦床的弹力加腿部蹬力与重力的合力产生的。在表演者向上的过程中，弹力减小，蹬力也减小；如果以弹力和蹬力的合力等于重力时为临界，那么二者合力小于重力后，加速度便开始向下。但由于人已经有向上的速度，所以在惯性的作用下他会继续向上运动，只有在到达最高点时才开始下落。从下落到再一次接触蹦床时，由于人具有速度，蹦床会产生更大的形变，也就是产生更大的弹力，所以再次跳起后人会跳得更高。如此反复。如果表演者不想再继续升高了，只要在下落时不再用力蹬蹦床就行了，因为不再用力蹬会让他受到的弹力逐渐变小，会跳得越来越低。

鸡蛋中的力学

> 桌上放着两个鸡蛋，一个是生的，一个是熟的。两个鸡蛋看起来一模一样，不打破它们的话，你能分辨出哪个是生鸡蛋，哪个是熟鸡蛋吗？

是不是有点难度？其实，说难也不难，只要你懂一点力学的知识，这个问题很容易就解决了。鸡蛋身上隐藏着不少关于力的秘密，这些秘密有些是非常有趣的。下面，就让我们来了解了解那些鸡蛋中的有趣秘密吧。

生蛋转不久，熟蛋转得久

把两个鸡蛋放在相对平滑的桌面上后，用大致相同的力同时转动鸡蛋，先停下来的就是生蛋，而后停下来的则是熟蛋。

为什么这么说呢？这是有根据的：

因为生鸡蛋和熟鸡蛋的区别在于生鸡蛋的内部物质是液态的，而熟鸡蛋的内部物质则是固态的。当将一个旋转的力作用在蛋壳上时，蛋壳受力开始转动。因为生鸡蛋的内部是液态物，未与整个蛋壳连成一体，所以在转动时，液态物由于惯性仍然保持静止状态；液态物与蛋壳之间存在一定的摩擦阻力，同时蛋壳与桌面之间也存在摩擦阻力，所以转动之后很快就停止下来。而熟鸡蛋则不同，它里面的物质是固态的，与整个蛋壳自成一体，所以当用力转动蛋壳时，蛋壳与固态物一并转动，二者间不发生相对运动，没有摩擦阻力，

只需克服较小的桌面摩擦力就行了,所以能较长时间地转动。

握碎鸡蛋不太易

鸡蛋非常脆弱,一摔到地上,它就碎了。可是,假如让你用手掌握住鸡蛋,单凭借手掌的力量紧握鸡蛋,你却很难能将鸡蛋握碎。这是什么道理呢?

鸡蛋也可以打转,不过生蛋转不久,熟蛋转得久。

原来,鸡蛋是一种椭圆形的结构,这种结构具有很强的稳定性。当用手紧握鸡蛋时,蛋壳的椭圆结构把力分散了,没有集中在一处。所以,尽管你用了很大的力,但实际上作用在一处的力并没有多大,它没有大到使鸡蛋壳破裂的程度,因而鸡蛋可以保持完好。当然,假如握力足够大,还是能把鸡蛋握碎的。

另外,从鸡蛋的内部结构来说,由于生鸡蛋的内部是液体,液体的张力和对外力的分散、吸收能力比固体强,所以,握碎一个熟鸡蛋比握碎一个生鸡蛋更容易,因为熟鸡蛋的内部已经没有液体了。

手掌握碎一个鸡蛋不容易,但是用两根手指用力捏鸡蛋的两个点,很容易就把鸡蛋捏碎了。这是因为手的力集中在两个点上,受力面积很小,压强很大。同样的道理,握碎一个鸡蛋不容易,但同时握碎两个鸡蛋则要容易得多,因为握两个鸡蛋时,有效的受力集中在两个鸡蛋交界的一个点上。别说是两个鸡蛋,就是一手捏两个坚硬的核桃,也能将它们捏碎。

鸡蛋也能立起来

你相信吗?鸡蛋也能竖立起来!不过要做到这一点,需要使用到的是熟鸡蛋,生鸡蛋是做不到这一点的。

把一只煮熟的鸡蛋放在桌子上旋转，如果用力合适，它转着转着就会竖立起来，而不像生鸡蛋那样，转动不久后就倒下去。这看上去是违反物理规律的，因为鸡蛋的重心升高，整个系统的能量似乎增加了，这跟物理学上的能量规律是不符的。不过，科学家在经过认真研究分析之后，给出了合理的解释：熟鸡蛋在旋转的时候获得了一种旋转能量，其中一部分旋转能量在蛋壳与桌面之间的摩擦力的作用下转换成了一个水平方向的推力，使熟鸡蛋的长轴方向改变，在一系列的摇晃震荡中由水平变为垂直。而生鸡蛋的内核是液体，它会吸收旋转能量，使它不能转化为推力，因而生鸡蛋在旋转时不会竖立起来。

科学家说，使熟鸡蛋竖立起来的关键在于蛋壳与桌面间的摩擦力要恰到好处。在完全光滑的桌面上，旋转的鸡蛋不会竖立起来；而太粗糙的桌面也不行。此外，鸡蛋的旋转速度也要合适，在大约每秒10转的速度以下，鸡蛋不会竖立起来。科学家还发现，鸡蛋竖立起来与其旋转的最初方向没有关系，而且鸡蛋也能以任一端立着旋转。

两个铁球同时落地

将两块一重一轻的石头从同一高度同时扔下，哪一块石头先落地呢？对这一问题，早在400多年前，一位青年科学家就已经给出答案了，这位青年科学家就是伽利略。

按照习惯的思维来说，应该是重的石块先落地啊。不过，意大利科学家伽利略以自己严谨的实验否定了这一观点——伽利略以铁球代替石块做实验，结果两个铁球是同时落地的。为什么会这样？因为自由落体运动，因为重力加速度。

伽利略的实验

在彻底揭晓谜题之前，还是让我们先来看看那个著名的实验吧。

在伽利略之前，古希腊的亚里士多德认为，物体下落的速度和它的重量成正比，物体越重，下落的速度越快。在亚里士多德以后的近2000年时间里，人们一直把这个学说当成不可怀疑的真理。谁要是怀疑它，谁就会被扣上"无知""固执""胆大妄为"的帽子。那时候，伽利略才25岁，但已当上数学教授。他在认真研究了亚里士多德的著作之后，确信亚里士多德的观点是错误的。为了证实自己的观点，他决定在著名的比萨斜塔做一次公开的实验。

1590年的一天，伽利略领着自己的学生，带着两个大小一样但重量不等的铁球登上了比萨斜塔。这两个铁球一个重10磅，是实心的；另一个重1磅，是空心的。那天，来观看实验的人有很多，人们站在斜塔下面，纷纷指责伽利略："这个小伙子的神经一定是出毛病了！亚里士多德的理论不会有错的！""等一会儿他就固执不了啦，事实是无情的，会让他丢尽脸面的！"……伽利略不理会这些，他不慌不忙地来到塔顶，将两个铁球同时从塔顶垂直自由落下，结果两个铁球同时着地。

伽利略用科学的实验打破了权威的错误论断，可见，在真理面前权威有时也是站不住脚的。

为何同时落地

在物理学上，不同重量物体的下落问题实际上是自由落体运动问题。所谓自由落体，就是只在重力作用下自由下落的物体。自由落体运动只与重力加速度有关，与物体质量大小无关。

众所周知，地球上的物体都要受到重力的作用，而重力会产生一个重力加速度（牛顿第二定律）。对位于同一地区、同一高度的不同物体来说，它们的重力加速度都是相等的。也就是说，在忽略其他作用力、只考虑重力的前提下，让两个不同重量的物体从同一高度同时落下，在相等重力加速度的作用下，它们每时每刻的速度都是一样的，所以最终将同时落在地上。

在伽利略的铁球实验中，尽管两个铁球在受到重力作用的同时，还受到空气阻力的作用，但相对重力来说，微弱的空气阻力是可以忽略的，所以，两个铁球仍然可以近似地被认为在做自由落体运动，因而最终它们将几乎同时落地。

羽毛和石头不同时落地

两块重量不同的石块可以同时落地，那么一片羽毛和一块石头从同一高度同时落下时，会同时落地吗？答案是不会，是石块先落地。

因为空气阻力对羽毛的作用不能忽略，羽毛在受到重力作用的同时，还受到较明显的空气阻碍，所以并不是在做自由落体运动。那么，是不是说，

是空气的阻力使得羽毛后落地呢？实际上也不是，确切地说是惯性使得石块先落地，羽毛后落地。

　　牛顿第一定律告诉我们，任何物体都有惯性，且物体质量越大，惯性越强烈，物体的运动状态也就越难改变。这就像一个人很容易让一辆行驶的自行车停下来，却不能让一辆飞驰而来的火车的速度有任何改变一样。在羽毛和石头下落的过程中，石头受到的空气阻力其实都是很小的，这种很小的阻力对质量很大的石头运动状态的改变是微乎其微的，基本可以忽略不计；但是对质量很小的羽毛运动状态是影响巨大，很小的空气阻力就能让羽毛下落的速度变慢很多。空气阻力就如同一个人的力量，羽毛就如自行车，石头就如火车，所以空气阻力并没有力量使像火车一样的石头慢下来，所以最终石头先落地。

不过，要是将羽毛和石块放入一个真空的环境中，它们一定是同时落下的，因为此时它们在做自由落体运动。

惊险刺激的"跳楼机"

想体验自由落体运动的刺激吗？那就去游乐园坐"跳楼机"吧。

"跳楼机"是游乐园或主题公园内的一种特殊游乐项目，它与过山车一样，同样属于勇敢者的游戏。"跳楼机"外型的主干为一个高大的柱体，柱体周围附有轨道，轨道上安装有可供游客乘坐的乘坐台。乘坐台可将乘客载至高空，然后在重力的作用下，以重力加速度垂直掉落，近乎做自由落体运动；在落地前，再借助机械将乘坐台停下来。"跳楼机"非常刺激，坐在"跳楼机"上做自由落体运动，感觉就像从楼上跳下来一样，难怪被人们形象地称为"跳楼机"。

当"跳楼机"的乘坐台与游客一同下跌时，乘坐台和游客各自受到重力的吸引而下跌，加速度相同，因此乘坐台对游客几乎没有产生任何作用力。没有了地面或其他物体对游客的承托力，游客便会毫无束缚，完全感受不到身体的重量，所以，游客此时也处于一个失重状态。

不接触也有力

> 有两块有趣的石头，它们有时候会像恋人一样"紧紧相拥"，有时候又像仇人一样"狠狠排斥"。奇怪的是，无论是"相拥"还是"排斥"，它们最初都是并不接触的。你知道这是什么石头吗？

原来，它们是磁石。这个世界上有一些力，物体间不用直接接触，它们也能作用到物体身上，作用在磁石身上的磁力就是其中之一。磁力是一种靠磁场来传播的力，我们的肉眼虽然看不见磁场，但它就存在于磁石周围，它确确实实地存在。

电生磁，磁生力

磁石跟普通石头有很大的不同，它能轻而易举地将钢铁、镍币等物体吸引过来，人们把这种能力称为磁性。磁石之所以具有磁性，跟它内部的构造有关。

众所周知，物质是由原子组成的，而原子又由原子核和电子组成。在原子内部，电子不停地自转，并围绕原子核旋转。物理学家认为，旋转的电子会产生一种环形电流，这种电流叫作原子电流（或分子电流）。电流会生成磁场，而磁场具有一个很重要的特征，那就是它能够对位于其中的运动电荷施加作用力，这个作用力就是磁力。磁石之所以能将钢铁、镍币吸起，正是因为磁石的磁场对钢铁、镍币中的运动电子施加了作用力。

或许有人会说，普通石头里面也有环形电流啊，为什么它们就不能吸起钢铁、镍币呢？那是因为普通石头的电子，其运动方向各不相同、杂乱无章，致使磁场相互抵消；而磁石则很规则，它们的磁场并没有相互抵消。

有选择地"吸收"

磁石能很轻易地将钢铁、镍币吸起，可是，假如将磁石靠近铝片，铝片却一动也不动，丝毫不受磁力作用。这说明，磁力的作用是有选择性的，它只能作用在钢铁、镍币等物体上（人们称之为磁类物质），而对铝等非磁类物质无能为力。

● 电与磁
1820年，汉斯·克里斯蒂安·奥斯特意外发现，当一根磁针被带到电流场附近的时候，它竟然转向与电流形成直角的方向。然而，他只是注意到了这个现象，并没有对其进行进一步的解释。

那么，为什么磁力只能作用在磁类物质上呢？这仍然与物体内的运动电子有关。

在大多数物质中，电子的运动是无序的，这会使得磁性相互抵消。因此，包括铝在内的大多数物质在正常情况下，并不体现磁性。而铁、钴、镍或钢等磁类物质却不同，它们内部的电子自旋可以在很小的范围内自发地排列起来，形成一个自发磁化区，这种自发磁化区叫作磁畴。磁类物质自发磁化后，内部的磁畴整整齐齐、方向一致地排列起来，使磁性加强。

磁石吸引铁块的过程实质上是对铁块的磁化过程，磁化了的铁块和磁石不同极性间产生吸引力，于是铁块就与磁石牢牢地"粘"在一起了。

两极吸力大

磁石浑身充满了磁性，吸铁的本事让人赞叹。可是你知道吗？磁石不同部位的吸铁能力其实是不一样的。

把一根长条形的磁石放到铁屑里面后再拿出来，你会发现：磁石两端吸起的铁屑最多，而中间的部位却最少。同样，把一根马蹄形（U形）的磁石放到铁屑里面后再拿出来，此时，磁石也是开口处两头吸的铁屑最多，而闭口处的中间吸得最少。

为什么会这样呢？这是因为磁石是有极性的，位于磁极部位的磁石，其磁畴排列最整齐，因此磁性最强，吸铁能力也就最强；而非磁极部位的情形则恰恰相反。

磁石的磁极有两个，一个叫北极（N极），一个叫南极（S极）。其中，长条形磁石的磁极通常位于离磁体两端1/10到1/12全长的地方，而蹄形磁石的磁极就在开口处的两头上。在任何情况下，磁石的北极都会向南极发出一条条"线"，这些线虽然看不见也摸不着，却是客观存在的，这些线就叫磁力线。在磁力线的作用下，磁石南北极之间会发生作用，这种作用跟正负电荷间的作用一样，那就是：同名磁极相互排斥，异名磁极相互吸引。所以，当我们拿出两块磁石，将它们的北极与南极相对时，两块磁石就像恋人一样，亲密地相拥；而当将它们的北极与北极或南极与南极相对时，它们又像仇人一样，狠狠地排斥对方。

离得近，"粘"得牢

磁石的主要化学成分是四氧化三铁，所以它又叫磁铁。常见的条形、马蹄形磁铁通常是用钢或某些铁合金制成的。钢铁容易生锈，所以人们通常在磁铁上涂上防生锈的漆料，一般是北极涂蓝色，南极涂红色。

不过，如果你细心观察：你会发现，磁铁的两端面上一般是不涂漆的。这又是什么原因呢？

原来，磁铁的磁性除了与极性有关外，还跟与被吸引物体之间距离有关：距离越大，磁性越弱。实验表明，如果有一只条形磁铁，它与铁块直接接触时能吸引1牛顿的重物；但当在磁铁与铁块之间隔上一张纸时，它的吸引力就要减少一半，只能吸引0.5牛顿的重物。根据这一特点，若在磁铁端面上涂漆，漆层的厚度将大大降低磁极端面的吸铁能力。所以，人们一般不在其上面涂漆。

为了验证这一结论，我们可以做如下一个小实验：取一条形磁铁，用磁极去吸一串回形针，直到不能吸起为止，记下被吸回形针的数目。在磁极端面上贴一厚纸片，然后再次去吸引回形针，这时我们就会发现，能吸起的回形针的数目明显减少了。

有趣的"磁力"小游戏

① 用剪刀把铁皮剪成小鱼的形状，多剪几条。

② 用缝衣针摩擦磁铁数次。（图1）

③ 将缝衣针插进小鱼的身体，统一从鱼头方向向鱼尾插入，每条小鱼插一根针（注意别伤到手指）。（图2）

④ 把小鱼放进盆里，你会发现所有小鱼的头都朝着一个方向。（图3）

别担心，列车不会掉下来

在首次商业运营的上海磁悬浮列车上，游客们兴奋体验着初次乘坐磁悬浮列车的感受。他们中有很多人并不知道，此时列车与下面的轨道是脱离的，它正悬挂在半空中呢！

脱离轨道、悬挂在半空中的磁悬浮列车怎么不掉下来啊？答案是：这种列车受到一种强大的磁力作用，正是这种磁力将它稳稳地托在半空。事实上，磁悬浮列车不仅悬浮要靠磁力，连它的牵引、导向和制动也要借助磁力，磁力是磁悬浮列车的第一作用力。

摩擦小，所以速度快

假如你家住在西安，你要到 1000 多千米外的首都北京去。如果坐普通轨道列车的话，加上中途停站的时间，至少需要 12 个小时；而假如在北京与西安间开通一条磁悬浮列车线路，那么乘坐这趟磁悬浮列车，你只需要不到 3 个小时，跟飞机差不多！

很神奇吧？这就是磁悬浮列车的魅力，它能让曾经遥远的距离变得不再遥远！

那么，为什么磁悬浮列车能行驶这么快呢？

最主要的原因是磁悬浮列车不与地面接触，大大地减少了前进时遇到的阻力。我们知道，普通的列车都是有车轮和铁轨的，在前行时，车轮与铁轨间会产生很大的摩擦力,这个摩擦力会大大地阻碍列车向前。而磁悬浮列车却完全不同,它没有车轮,与地面并不接触,只是在强大磁力的作用下,悬浮于轨道上空,从而大大减少了地面的阻力。

磁悬浮列车实际上是依靠电磁吸力或电动斥力将列车悬浮于空中并进行导向,然后利用电机驱动列车前行。因为与地面轨道间无机械接触,因此列车电机输出的能量大部分都用来牵引车体,而不必消耗在无谓的摩擦上,所以,磁悬浮列车比普通轨道列车更快。

磁力让它悬在半空

尽管人们还将磁悬浮列车的轨道称为"铁路",但这两个字显然已经不够贴切了。因为,就拿铁轨来说,实际上它已不复存在——轨道只剩下一条,但那也不是用来供车轮从上面滚过的。

磁悬浮列车

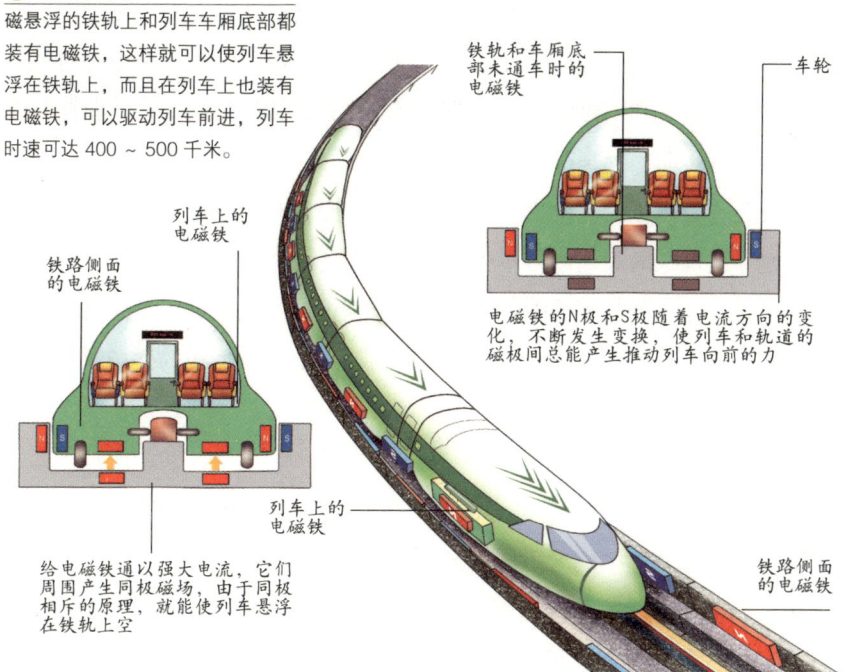

磁悬浮的铁轨上和列车车厢底部都装有电磁铁,这样就可以使列车悬浮在铁轨上,而且在列车上也装有电磁铁,可以驱动列车前进,列车时速可达400~500千米。

列车上的电磁铁

铁路侧面的电磁铁

铁轨和车厢底部未通车时的电磁铁

车轮

电磁铁的N极和S极随着电流方向的变化,不断发生变换,使列车和轨道的磁极间总能产生推动列车向前的力

列车上的电磁铁

给电磁铁通以强大电流,它们周围产生同极磁场,由于同极相斥的原理,就能使列车悬浮在铁轨上空

铁路侧面的电磁铁

那么，在那条只剩下一条铁轨的"铁路"上，磁悬浮列车具体是如何让自己悬浮起来的呢？答案自然在磁铁里找。

安装于磁悬浮列车上的磁铁并不是普通的磁铁，它是一种能产生强大磁力的电磁铁。在物理学上，当给一个缠绕着一匝又一匝密集导线的线圈通电时，线圈会因电流产生的磁场而磁化为一个带磁体，就像磁铁一样。这就是电磁铁。磁悬浮列车正是利用这种电磁铁来生成磁力的。

轨道上的电磁体
混凝土建成的T型轨道
支撑柱
列车上的电磁体

⊙ 世界上一些国家，如中国、日本、德国及美国等都已有磁悬浮列车。

由于磁铁有异性相吸和同性相斥两种形式，所以磁悬浮列车也有两种相应的形式：一种是利用磁铁异性相吸原理设计而成的磁悬浮列车，即在车体底部及两侧倒转向上的顶部安装磁铁，在T形导轨的上方和伸臂下方分别用反作用板和感应钢板控制电磁铁的电流，使电磁铁和导轨间保持1厘米的间隙，并使导轨钢板的吸引力与车辆的重力平衡，从而使车体悬浮于车道的导轨面上运行。另一种是利用磁铁同性相斥原理设计的电磁运行系统的磁悬浮列车，它是利用列车上电磁铁形成的磁场与轨道上线圈形成的磁场之间所产生的相斥力，使车体悬浮运行。

神奇的超导电磁铁

磁悬浮列车利用"同名磁极相斥，异名磁极相吸"的原理，让列车拥有抗拒地心引力的能力，从而使车体悬浮在距离轨道约10厘米处腾空运行，创造了近乎"零高度"空间飞行的奇迹。很显然，要想实现这些，电磁铁的

磁力必须足够强大。

为了给磁悬浮列车提供一个足够强大的磁力，科学家们研发出了一种超导体电磁铁，将这种电磁铁装在磁悬浮列车上，不但托举起列车毫无费力，而且列车的速度也能变得更快。

什么是超导体电磁铁？科学研究表明：当一些导体的温度降到接近绝对零度（-273.15℃）时，电阻会突然完全消失。这就是物理学上的超导现象。电阻的消失，意味着电流可以畅通无阻，而电流的畅通无阻则意味着可以产生很强大的磁场。超导体电磁铁中的导线正是这种电阻为零的超导体。

据测算，用超导体产生的磁场，其强度可以超过普通人工磁场的几万倍！假如我们用这样的强磁场去托举、引导磁悬浮列车，那么磁悬浮列车还会掉下来吗？磁悬浮列车像飞机一样高速驰骋还是一种奢望吗？

想象一下这样的情景吧：在宽阔的原野上，时速达800千米的磁悬浮列车带着你飞驰。你抬头看了一下窗外的天空，突然发现头上正飞行着一架飞机。那飞机一刻不停地在飞行，却始终飞不出你的视野，始终"停留"在你的头顶——多么神奇，你竟然可以在陆地上与高空的飞机并驾齐驱，再也不是小时候那种眼巴巴目送飞机从头顶上呼啸而过的情景了！

科学小常识

越来越快的高速列车

现在世界各国都在发展高速列车。高速列车是指最高行车速度每小时达到或超过200千米的铁路列车。世界上最早的高速列车为日本的新干线列车，1964年10月1日开通，最高时速达443千米，实际运营速度可达270千米。2003年1月4日，上海磁悬浮列车正式商业运营，它设计时速达430千米，实际时速在300千米以上。目前的磁悬浮列车最高时速已经超过500千米，随着技术的进步，这一速度还将不断提高。

给一个支点我可以撬动地球

古希腊科学家阿基米德说："假如给我一个支点，我可以撬起整个地球！"你可别以为这是阿基米德在吹牛。事实上，从理论上来说，假如给你一个支点，你也可以撬起整个地球！

在力的世界中，有一种神奇的道具，它的主要部分只是一个支点和一根可围绕支点旋转的坚硬棍状物，但是它的威力大得惊人——它甚至可以撬动起整个地球！这样的神奇道具叫作杠杆，它是物理学中一种较常见的使力工具！

一上一下的跷跷板

杠杆可是无处不在的。看看我们的生活周围吧：跷跷板、扳手、剪刀、撬棒、啤酒瓶开启器……它们都是杠杆，因为它们都有一个支点和可围绕这个支点旋转的坚硬棍状物。

杠杆是如何工作的呢？从跷跷板中，我们或许可以得到答案。

跷跷板的中间有一个固定点，它就是杠杆的支点。支点的两旁是两部分供人乘坐的木板；当玩跷跷板游戏的两个人分别坐在支点两旁的木板上时，两个人分别会对木板产生一个力的作用。假设一个人的力是使杠杆转动的动力，那么另一个人的力就是阻碍杠杆转动的阻力。科学家把从支点到动力作用线的垂直距离叫作动力臂，把从支点到阻力作用线的垂直距离叫作阻力臂。

经实验表明，当动力和阻力对杠杆的转动效果相互抵消时，杠杆处于平衡状态，此时杠杆满足一个数学公式：动力 × 动力臂 = 阻力 × 阻力臂。

这就是杠杆的平衡原理，它是杠杆最重要的工作原理。一上一下的跷跷板时刻体现这一工作原理：当两个人坐在与支点距离相等的跷跷板两端时，因两个人的重量不等，所以动力和阻力并不相等，此时即便动力臂和阻力臂相等，跷跷板也不能平衡；于是在重力的作用下，跷跷板要一上一下地循环运动，直到有外力作用（如空气阻力、地面对脚的支撑力等）使跷跷板停止下来为止。

扳手真的很好用

机器出问题了，要拧开螺丝来检查。假如螺丝拧得太紧了，直接用手拧不开，那么，这时候该怎么办呢？

可以使用扳手啊！因为扳手是机械工程中最常用、最好用的省力工具。扳手也是一种杠杆，它利用杠杆原理来拧转螺栓、螺钉、螺母或其他紧固件。扳手通常在柄部的一端或两端制有夹柄，用以施加外力，这个外力是动力。支点和阻力在紧固件处，阻力臂远小于动力臂。根据杠杆原理，只需使用较小的动力就能拧转紧固件（因动力臂远大于阻力臂），所以扳手很省力，非常好用。

尽管延长动力臂可以使得扳手省力，但扳手也不是越长越好的。通常，在不考虑扳手自身的重量（扳手很轻）时，调整延长动力臂可以使得扳手变得省力。但是，当需要考虑到扳手自身的重量时，就不一定是扳手越长越省力了，因为扳手自身的重力也会成为一种阻力。这时，需要通过计算才能得出最省力的扳手适宜长度。

滑轮组合出奇效

在物理学上，只要是存在支点和可围绕支点转动的坚硬棍状物，都被认为是杠杆。通常，杠杆都是做成直的，像扳手、跷跷板、剪刀等；但也并不绝对，像我们日常生活中常见的弯形的滑轮，它其实也是一种杠杆。

滑轮是一种可以绕着中心轴旋转的圆轮，圆轮的圆周面具有凹槽，将绳索缠绕于凹槽内，用力牵拉绳索两端的任一端，则绳索与圆轮之间的摩擦力就会促使圆轮绕着中心轴旋转。按滑轮中心轴的位置是否可移动，可将滑轮分为"定滑轮""动滑轮"；定滑轮的中心轴是固定不动的，而动滑轮的中心轴则可以移动。

定滑轮的中心轴好比杠杆的支点，两端绳索的拉力好比杠杆的动力和阻力。根据杠杆平衡原理，定滑轮的动力臂和阻力臂是相等的（称为"等臂杠杆"），都等于圆轮的半径，所以单独使用定滑轮是不省力的，但是可以改变力的方向。而动滑轮实质是个动力臂等于阻力臂二倍的杠杆，所以根据杠杆原理，它可以省一半的力。

人们通常不会单独使用定滑轮或动滑轮，而是组合起来使用，因为这能收到奇特的效果——既能省力，又能改变作用力的方向。比如，通常人们就用上边是定滑轮、下边是动滑轮的滑轮组来吊装物体，这样一来，下边的动滑轮可以让人们省去不少力（省力的多少与滑轮的多少及组合关系有关），而上边的定滑轮则可以让人们随意改变作用力的方向。

○ 阿基米德是一个天才数学家，然而，传说正是由于他对数学的热爱最终导致了他的死亡。

阿基米德真能撬起地球吗

阿基米德的那句豪言壮语："给我一个支点，我就可以撬起整个地球！"

阿基米德之所以这么自信，是因为他了解杠杆的知识，知道利用毫不起眼的杠杆可以产生令人难以想象的巨大力量。那么，阿基米德真的能撬起整个地球吗？

我们知道，杠杆的平衡条件是：动力 × 动力臂＝阻力 × 阻力臂。只要动力臂足够长，那么动力可以非常非常小。利用这样一个杠杆，在理论上人们肯定是有可能以一个非常小的力就将整个地球撬起来的。然而，理论只是理论，它与实际总是有差距，有时候这种差距大到可以认为理论也是不成立的。

我们先不说这么长的杠杆能不能找到，也不说这样的支点能不能找到，就权当这些东西都存在，都可以被我们利用吧。那么，对于撬起地球这样一个壮举，需要我们付出哪些呢？

据科学测算，地球的质量大约是 6×10^{24} 千克，也就是重 6×10^{25} 牛顿。假设我们可以用 600 牛顿（相当一个成年人的体重）的力就能够将地球撬起，那么根据杠杆的平衡原理：我们所用杠杆的动力臂必须是阻力臂的 10^{23} 倍。假设我们只是把地球撬起 1 厘米，那么动力的作用点就必须移动 10^{21} 米，移动如此巨大的距离别说是办不到，就算能够办到，如果按我们移动的速度是每秒 1 米来计算，那么移动 10^{21} 米的距离，我们需要 10^{21} 秒，转化成年就是大约 30 万亿年！即使我们移动的速度能够达到光速那么快，要想移动如此巨大的距离也得经过 90 万年，试想谁能长寿到 90 万年呢！

所以，用一根杠杆撬起地球在实际上是绝不可能办到的，它只能停留在理论的研究上。

◉ 在许多阿基米德发明（包括"阿基米德之爪"）的帮助下，锡拉库扎城在古罗马军队的猛烈进攻下坚守了 3 年之久。

人的身上有杠杆

在我们的生活周围，你能找出哪些杠杆呢？镊子、剪刀、扳手、跷跷板是的，这些都是杠杆。其实，要找杠杆，何必局限于我们周围呢，我们自己的身体上就存在着不少杠杆！

人的身上有206块骨头，这些骨头中有不少骨头在肌拉力的作用下会围绕关节轴转动，就像杠杆，所以它们也被称为"骨杠杆"。骨杠杆不可能自动地绕支点转动，必须受到动力的作用，这种动力来自附着在它上面的肌肉，而使肌肉产生力的源泉则来自人的活动。

抬头既不省力也不费力

人们每天都在活动头部：点头、摇头、抬头……其实点一下头或者抬一下头靠的就是杠杆的作用。杠杆的支点在脊柱顶端，支点前后各有肌肉，头颅的重力是阻力，而支点前后的肌肉所用的力则是动力。支点前后的肌肉配合起来，有的收缩，有的拉长，这收缩或拉长便形成了头部的低头和仰头动作。

由于头颅的骨杠杆，其支点位于动力与阻力之间，且动力臂与阻力臂近似相等，所以它是一种平衡杠杆，既不费力也不省力。它的杠杆效果与跷跷板、定滑轮等等臂杠杆是相同的。

AISHANG KEXUE YIDING YAO
ZHIDAO DE KEPU JINGDIAN

CHAONENG DE LI
超能的力
爱上科学
一定要知道的科普经典

脚掌是一根省力杠杆

人们之所以使用扳手、撬棒、瓶盖开启器，是因为这些杠杆能让人们省力。我们的身体里也少不了那些省力的骨杠杆，脚掌就是其中之一。

我们走路时，身体骨骼和肌肉的运动是这样的：当右腿向前跨步时，是右腿的髂腰肌收缩、臀大肌松弛，使右大腿抬起；股四头肌松弛，股二头肌收缩，使右膝弯曲。这时候，左腿由于它的髂腰肌松弛，臀大肌收缩，股四头肌收缩，股二头肌松弛，故而伸直。

抬起脚走路的过程是利用杠杆的过程，其中脚掌根是支点，人体的重力是阻力，而由腿部各种肌肉产生的拉力就是动力。由于阻力作用在支点与动力之间，且动力臂大于阻力臂，所以脚是种省力杠杆，它可以克服较大的体重。

手臂比表现的更有力量

要问一个人一天做得最多的身体动作是什么，恐怕要算手臂的各种屈展动作了。人每天都要屈展手臂，无论是握笔、端杯子、拿书本，还是不握不拿地空自弯曲手臂，都离不了屈展动作。不过，你知道吗？这些屈展动作可是个费力活儿，因为它利用到的是费力杠杆。

人的手臂绕肘关节转动，可以看成由肌肉和手臂骨骼组成的杠杆在转

⊙ 只要你留心，就会发现生活中有很多符合黄金分割律的例子，例如芭蕾舞演员的优美动作、女神维纳斯像。可以说，在生活中哪里有黄金分割，哪里就有美。

动。肘关节是支点，手臂肌肉所用的力是动力，手拿的重物的重力是阻力。当肱二头肌收缩、肱三头肌松弛时，前臂向上转，引起曲肘动作；而当肱三头肌收缩、肱二头肌松弛时，前臂向下转，引起伸肘动作。由于动力作用于支点与阻力之间，且动力臂小于阻力臂，所以很明显，手臂是种费力杠杆。不过，虽然费力，但由于肱二头肌只要缩短一点就可以使手移动相当大的距离，所以可以节省距离，提高工作效率。

正是因为手臂的杠杆是一种费力杠杆，所以一个人能提起的重量并不能代表这个人手臂肌肉的力量。假定一个人能提起 100 牛顿的重物，这 100 牛顿可不就是他的手臂肌肉力量，他的力量要比这个要强得多！一般来说，从重物到支点间的距离，大约是从二头肌端到支点的 8 倍。这就是说，假如重物为 100 牛顿，那么肌肉所拉出的力就是这个数值的 8 倍，即 800 牛顿！可见，我们的肌肉能够发出的力量相当于我们手臂力量的 8 倍，我们比表现出来的自己更有力量！

身体杠杆处处可见

除了头颅、脚、手臂之外，在人体中其实还有许多杠杆。如：小腿绕膝盖的转动可看成小腿肌肉和胫骨组成的杠杆；弯腰时，腰部肌肉和脊骨之间形成杠杆；仰卧起坐时，上身受到腹肌和上身重力的作用，这其实也是一种杠杆的模型。

总之，人体身上的杠杆是处处可见的，它们就像大自然为增强人类生存能力而植入人体内的特殊工具，时时为人类生命活动服务。

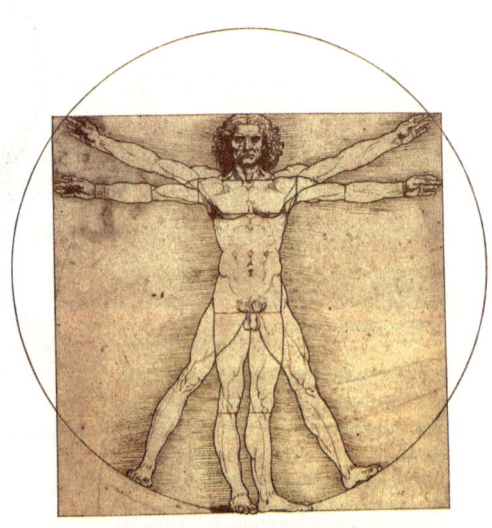

达·芬奇也认为人体的结构符合黄金分割律。

固体压强的秘密

> 钉子的头是尖尖的,菜刀磨得越薄越锋利,铁轨要铺在枕木上,推土机要装上履带这些看似平常简单的东西可一点也不简单,它们身上隐蔽着压强的秘密。

将手按在一个桌面上,我们就说对这个桌面有一个压力。压力的作用效果通常用压强来表示,压强就是物体单位面积上受到的压力大小。压强的单位是帕斯卡(简称帕),它是以法国科学家帕斯卡的名字命名的。1帕表示1平方米的物体上受到的压力大小是1牛顿。

承压有限度

手按在桌面上,桌面和手的表面都会发生弹性形变,正是这种弹性形变使得桌面受到力的作用,这就是压力。所以,压力其实是一种弹力。

对于固体来说,其内部的分子或原子排列非常有序,在受力变形后,分子或原子的排列依然保持有序,只是在受压方向上的分子或原子排列密一些,而其他方向上则排列疏一些。不过,固体能承受的形变是有一定限度的,当形变到一定程度时,固体里面的分子便会因分子引力(分子力)超过极限而被拉开,分子被拉开了,物体自然也就被压破了。

所以,物体能够承受的压强是有限度的。为了不将物体压破,我们在对物体施加压力时,压力大小应该控制在较小范围内;除此之外,还可以增大受压面积，因为压强不仅跟压力大小有关，还跟受压面积有关，在压力大小一定时，受压面积越大，压强越小。当然，有时候人们也需要增大压强，这时候可采用相反的方法，即要么增大压力，要么减小受压面积。

躺在钉板上竟然不受伤

不知道你有没有看过这样的表演：在一块插满尖锐钉子的木板上，一个半身赤裸的表演者若无其事地躺着，似乎他躺的不是钉子，而是舒适的地板。

天啊！尖锐的钉子怎么扎不进表演者的身体啊？

其实，这就是利用了增大受压面积、减小压强的原理。我们知道，单独一个钉子，很容易将人扎伤。因为钉尖的面积非常小，施加非常小的力就能在局部产生一个非常大的压强，正是这非常大的压强压破了人体的局部皮肤。而增加钉子的时候，扎人就不那么容易了，因为增大了受压面积。钉板上有无数的钉子，可以说是布满了整个木板。每一个钉子都有面积，所有的钉子面积加起来就构成了人体的受力面积。人躺在上面的时候，压力一定（等于重力），但总的受压面积变大了，所以压强就相对减小。这减小的压强不足以扎破人体皮肤，所以表演者会安然无事。

当然，在表演这个节目时，钉板上的钉子必须足够多，且表演者的体重必须控制在一定范围，否则表演者仍然有可能被扎伤。另外，表演者应该躺着，而不是坐着，因为躺着的受力面积比坐着大，如果坐着的话，有可能会因受压面积不够大而增大压强，从而造成扎伤。

尖嘴助啄木鸟敲开了树皮

一只啄木鸟"笃笃笃"地用它的嘴敲着树干，不一会儿，它就从坚硬的树皮后面咬出一只小虫子来。真了不起！啄木鸟的嘴看起来并不十分有力，而它却能够敲破坚硬的树皮。

其实这仍然是拜强大的压强所赐，因为啄木鸟的嘴非常尖锐细长，这使得它在敲打树皮时，可以与树皮只保持一个非常小的接触面积。由压强原理可知：当受压面积很小时，一个很小的压力也能产生非常大的压强，所以啄木鸟的嘴能轻易敲破树皮。

啄木鸟的嘴需要依靠减小受压面积来增大压强，同样，在现实生活中，许多事物也需要靠减小受压面积来增大压强，比如说图钉。图钉主要是钉帽和钉尖两个部分，钉尖非常细，其面积大概只是钉帽面积的六千分之一。如此细小的钉尖，要压进墙壁或桌面上时，只在钉帽上使一个非常小的力就能实现。要是将钉尖做得跟铅笔芯一样粗，那压进墙壁或桌面就不太容易了。

除了图钉，打针用到的注射器针头、工业上用的钻子，以及厨房中用的菜刀等，也都是利用减小受压面积来增大压强的。

问题的实质是压力分配

无论是增大面积减小压强，还是减小面积增大压强，其问题的实质其实都可以归结为压力的分配。

一个人坐在粗板凳上，会觉得坚硬不舒适；但是，假如他坐在同样是木质却是光滑的椅子上，会觉得舒适。这是因为粗板凳的凳面是平的，我们的身体只有很小一部分面积能够跟它接触，我们所有的体重都集中在这比较小的面积上。也就是说，很小的面积却分配了很大的压力，所以，人体是不会感到舒服的。而光滑的椅子的椅面却是凹入的，能够跟人体上比较大的面积相接触，人的体重就分配在比较大的面积上，因此，单位面积上所受到的压力也就比较小。如果换一个更柔软的平台，例如躺在柔软的床褥上，由于褥子会跟身体的凹凸轮廓相适应，也就是身体的压力基本均匀地分配到整个床褥上，所以此时人体单位面积上受到的压力必定很小。一个体重正常的成年人，每平方厘米的肌肤上，一共只分配到几克重量的压力。在这种情况下，人自然觉得非常舒适了。

数据可以更直观地反映问题。以躺钉板的表演为例，人的体重是固定的，那么钉子越多，每颗钉子承受的体重压力就越小。假如一个人体重是50千克，他躺在10颗钉子上，那每颗钉子将承受5公斤体重的压力，这压力势必将人体皮肤刺穿；如果他躺在1000颗钉子上，那每颗钉子承受的就只有50克体重的压力，这压力就不足以将皮肤刺穿了。

对于躺钉板表演，其实我们也可以这么理解：钉板是由无数根极细的钉子紧密地组合在一起的，数量多了就变成了一个面；尽管这面不如床褥和光滑椅子那么舒服，但像坐粗板凳一样勉强躺着还是没问题的。

漏水矿泉水瓶中的学问

家里有用完的矿泉水瓶吗？拿出来，我们利用它可以制成一个有趣的"液压学习仪"。从"液压学习仪"中，我们可以学到丰富的液体压强知识。

液体由于受到重力作用和本身具有流动性，对浸入其中的任何物体都会产生压力的作用，这个压力作用在一个面上，就产生了压强，这就是液体内部的压强，简称"液压"。下面，就让我们借助"液压学习仪"来认识液体的压强吧。

各个方向均有水压

首先，你需要将空矿泉水瓶装满液体，就装上最常见的水吧。装满水后，在矿泉水瓶侧面不同高度、不同方向的几个地方扎几个同等大小的小孔。这时，你会看到瓶中的水会从小孔中流出或射出来。这说明什么呢？

这说明：液体内部各个方向都存在压强。正是因为有这个压强，水瓶侧面各个方向小孔处的水分子才会在压强的压迫之下从孔中流出来，假如没有压强，小孔处的水分子只会在重力的作用下向下，而不会侧向流出来。

液体之所以在各个方向都存在压强，是由于液体受到重力的作用，且具有流动性。各个方向，不仅包括指向瓶底和指向瓶壁外侧的方向，也包括向上和指向瓶壁内侧的方向。指向瓶底的压强，主要是由于受到液体自身重力的作用，而指向瓶壁内外侧的压强则主要受流动性影响：由于具有流动性，液体会对"限制"它流动的侧壁产生冲击，这种冲击就是压强。这跟固体压强是不一样的，固体由于不具有流动性，只对其支承面产生压强，而且压强方向总是与支承面垂直。

同一深度，水压相等

漏水的矿泉水瓶揭示了液体压强的第一个秘密：液体各个方向都存在压强。不过，秘密可不是只有一个，它还隐藏着第二个秘密：在同一深处，液体压强处处相等。

如果你足够细心，你就会发现：从同一高度小孔中射出的水流，它们射到地面上的距离是相等的（在理想状态下）。这说明，同一高度小孔处的水分子受到的压力大小是相同的，也就是水压相等。为什么会这样呢？

这跟液体的内部构造有关。众所周知，固体在受力变形后，其分子或原子的排列依然有序，只是在受压方向上的分子或原子排列密一些，其他方向上排列疏一些。因为各个方向分子排列疏密不同，所以固体内部压强并不处处相等。而液体则不是这种情况，它是由排列相对松散的分子组成的，具有流动性。受压后，它会趋向于各个方向，以求达到疏密相同。假设同一水平面上压强不同，压强大的地方由于有较强的压力，液体分子会跑到压强较小的地方，直到达到疏密相同，也就是压强相同为止。所以，同一水平面上的液体压强处处相等。

越深越压迫

1648年，法国天才科学家帕斯卡做了一个著名的实验：他将一个密闭的装满水的桶放在地面上，在桶盖上插入一根细长的、直达楼顶的管子，然后从楼房的阳台上向细管子里灌水。结果只用了几杯水，就把桶压裂了。

帕斯卡的实验蕴含了一个神奇的道理：液体压强与液体深度紧密相关；液体越深，压强越大；如果液体足够深，它产生的压强可以大到令人吃惊的

程度。

其实这个道理也可以从"液压学习仪"中看出来——在矿泉水瓶接近液面、接近瓶底和中间的三个地方扎三个小孔,结果在接近液面处的小孔,水只是缓缓地流出来;中间的小孔,水射向较远的地方;而最接近瓶底的小孔,水射向了非常远的地方!这正是深水处压强的威力,它比浅水处的压强要大得多。

后来,科学家经过研究得出了压强的公式,它等于液体密度(ρ)与深度(h)以及重力加速度常量(g)的乘积。从这公式中,我们也知道了几杯水能使木桶破裂的原因:在水的密度和重力加速度常量恒定的情况下,由于细管子的容积很小,几杯水灌进去,其深度就变得很大;深度一再增加,则下部的压强越来越大,最终这越来越大的压强超过了木桶所能承受的限度,木桶随之裂开。

浮浮沉沉话浮力

> 将一只用完的牙膏管卷成一团扔进水里,它很快就沉下去了;可是,将牙膏管腹内挖空,平展后再扔进水里,它却浮了上来。真奇怪:为什么同样一个牙膏管有时候会下沉,有时候又上浮呢?

秘密就在那浮力。水、汽油、酒精等液体,对于任何浸入其中的物体都会有一个向上的托力,这个托力就是浮力。浮力很神奇,它小到可以托起一张纸片,而大到可以托起一艘比操场还要大的轮船。物体不仅在液体中会受到浮力,在气体中也会受到浮力。

阿基米德的贡献

水缸里装满了水,将一个木瓢扔进缸里,木瓢在浮起的同时,也排出了缸里的一些水。想知道木瓢受到多大的浮力吗?称一称被排开的水的重量就可以了,因为浮力的大小就等于排开水的重量(重力)。

这就是关于浮力的最基本的定律,它是由古希腊科学家阿基米德首先发现的,所以就叫阿基米德定律。

你一定不知道,阿基米德发现这个定律具有很大的偶然性,并且这个发现过程也极具趣味性。事情是这样的:

阿基米德要给国王鉴别一个王冠的真假。这个王冠是国王托一个工匠用一块黄金制作的，制成后，国王总觉得王冠掺了假，黄金并没有全部用上，但又没什么证据，因为制成后的王冠与原来黄金的重量是一样的。因此，国王请阿基米德来鉴别。阿基米德冥思苦想了几天也不得其解。有一天，阿基米德去街上洗澡，他刚躺进盛满温水的浴盆，水便漫了出来。这时，阿基米德突然灵机一动：王冠和黄金虽然在重量上一样，但是如果王冠上掺了假，它与等重量的黄金在体积上一定不同，因为掺了假的王冠密度与黄金的密度不同；如果体积不同，那么放在水中排开的水量也不同……阿基米德没有再想下去，他从浴盆中跳出来，一丝不挂地从大街上跑回家，之后便迅速地在一个水盆中倒满水，分别将王冠和等重量的黄金放进水盆中，然后测量出溢出的水。结果，两次测量的溢水量果然不等，也就是说王冠和黄金的体积果然不同，由此证明王冠上掺了假。

后来，在这一事件的启发之下，阿基米德进一步证明了物体在液体中受到的浮力大小等于物体排开液体的重量。

浮力源自压强差

浮力是怎样产生的？为什么浸在液体中物体就会受到浮力的作用呢？

原来，液体具有流动性，在重力的作用下，会在各个方向产生压力。单位面积内的压力大小即为压强。由于在液体内，不同深度处的压强不同，所以当物体浸在液体中时，物体上、下部受到的压强大小不同，其中下部受到的压强比上部受到的要大，上下部存在压强差。正是在这压强差的作用下，物体受到了向上的托力，这个托力就是浮力。

⊙ 气垫船利用一个巨大的风扇将船体周围的空气向下吹，从而使船身漂浮在水面上。

气体中的情况与此类似。

钢铁也能浮在水面上

谁都知道，要是将一小块钢铁扔进水里，它立刻就沉下去。可是，轮船也是由钢铁制成的，而且它的重量比小钢块要大得多，为什么它却能够在海面上自由航行呢？

要想回答这个问题，就必须先了解物体在液体中沉浮的条件。浸在液体中的物体受到两个力的作用，一个是重力，一个是浮力。这两个力的方向都是竖直的，其中重力的方向竖直向下，浮力的方向竖直向上。当物体所受的浮力大小小于重力时，物体下沉；当物体所受的浮力大小大于重力时，物体上浮；当物体所受的浮力大小等于重力时，物体漂浮或悬浮，漂浮是物体在液面上的平衡状态，悬浮则是在液面下的平衡状态。

由于钢铁制成的轮船，其船体是空心的，大大增加了轮船的体积，所以当轮船下水时，它排开水的体积也大大增加。根据阿基米德定律，浮力等于排开水的重力。而排开水的重力与它的体积紧密相关，体积越大，重力越大，浮力也就越大。所以，轮船受到的浮力非常大，大到可以与重力平衡，因而它能够漂浮在海面上。

卷成团的牙膏管容易沉到水底，而空心平展的牙膏管却能够浮在水上，其中蕴含的也正是这个道理。同样，单独将一根木材放在水中，它可能沉下去，而将木材挖成空心，做成独木舟，它就能很好地浮起来，并且能承载较重的东西，因为增大的体积使得木材受到的浮力大大增加。

气球升了天

节日里，天空中时不时地飘过一些移动的"彩云"，那是气球！气球之所以能升上天空，也是因为受到了浮力的作用，只不过，这个浮力不是由液压产生的，而是由大气压产生的。

阿基米德定律不仅适用于液体中的浮力，对气体浮力也同样适用。因此，空气中气球所受的浮力的大小等于被它排开的空气的重量。因为气球中充入的是氢气，氢气是所有气体里最轻的，氧气比氢气要重15倍，二氧化碳比氢气重21倍，我们身边的空气也要比氢气重13~14倍。所以当氢气把气球充起来以后，气球的重力非常轻，浮力可轻易地将气球托上天空。

越往高处，空气的密度越小，大气压也越低。随着气球上升高度的增加，它受到的浮力会逐渐减小。到了一定的高度，由于空气渐渐变得稀薄，由于空气渐渐变得稀薄，当气球受的浮力与它自身的重力大小相等时，就无法继续上升了。这时气球将停留在空中，好像碰到了一层看不见的"天花板"一样。甚至很多时候，气球还没来得及到达"天花板"就已经胀破，因为空气越来越稀薄，对气球的压强也越来越小，在气球内部相对较强的压强作用之下，气球就被胀破了。

不仅节日里的气球要借助浮力升空，那些能承载人的飞艇或热气球也要借助浮力升空。飞艇里充的是密度小于空气的气体，热气球里充的是被燃烧器加热、体积膨胀、密度变小了的热空气。当浮力大于或等于重力时，热气球或飞艇便可升上天空。那么，要想热气球或飞艇降落地面，该怎么办呢？可以放出热气球或飞艇内的一部分气体，使其体积缩小，浮力减小，进而达到小于重力的程度，最终使得热气球或飞艇缓缓降回地面。对于热气球，只要停止加热，热空气冷却，气球体积就会缩小。

流体大力士

"用一只手能将一千斤重的东西顶起来吗？"相信大多数的人会回答：不能！然而，科学家的回答是：能，只要给我两个活塞和符合要求的流体容器就行！

流体就是液体和气体，它们会四处流动，不像固体那样总是固定的。你可别小看流体的这种流动性，它身上蕴藏的力量可惊人了。科学家正是利用流体的流动性，制造出了"千斤顶"、水压机等大型用力设备的。利用这些设备，很小的力也能产生非常大的效果。

很小的力生成了很大的力

假如有这么一个玻璃容器：它有两个带活塞的开口，其中一个开口很大，大到能让一个人站在活塞的上面，另一个则相对较小；两个开口通过一个管道封闭相连，管道中装满了水；当另一个人在较小开口的活塞上施加作用力时，奇迹发生了——他不用很费劲就将那个站在大开口活塞上的人推起。

这就是"千斤顶"的模型。

为什么"千斤顶"具有这么神奇的效果呢？科学家帕斯卡给出了答案。

早在几百年前，帕斯卡就注意到没有注入水的水管是扁的，而当将水龙头接到水管上后，水管立刻就变圆了。帕斯卡认为，这是水将内部压强传递到水管壁各个部位的结果。在这个认识的基础上，帕斯卡提出了液体传递压强的规律：在封闭容器中，液体能够将某一部分压强的变化，毫无损失地传递到其他各个部分。也就是说，假如容器一端的液体压强增大了，那么这个增大的压强能毫无损失地传递到另一端，这一端压强增大了多少，另一端的压强也增大多少。由于压力等于压强乘以受压面积，所以，假如容器一端的受压面积（活塞面积）是另一端的 10 倍，那么当某一较小面受到压力而产生压强时，在较大受压面上就会产生比原来大 10 倍的压力。这样，用一个很小的力自然也就能顶起很重的物体了。

帕斯卡发现的压强传递规律不仅适用于液体，也适用于气体，它是流体的一个普遍规律。

万吨水压机是如何工作的

见过打铁吗？打铁时，工人师傅一手拿着钳子，将烧红了的铁块夹放在铁砧上，一手挥动铁锤用力地敲打。对于锻造小型的铁块来说，用锤子是完全可以胜任的，但假如要锻造大型的钢锭呢，比如重几百吨这样的庞然大物？用锤子显然是不行的。那么怎么办呢？答案是用水压机。

有一种万吨水压机，它能产生 1.2 亿牛顿的压力。这么大的压力不是来自它本身的重量（实际上它本身的重量只有 2000 多吨），而是来自水中。万吨水压机的基本原理与"千斤顶"模型相同，只不过它生成的压力要大得大。要产生巨大的压力，一个办法是把大活塞的面积加大，另一个就是增大小活塞上的压强。单纯用第一个办法不太可行，因为大活塞没有办法制造得非常大。单纯采用第二种办法也不行，因为容器里的水压强太大就会把容器挤破。万吨水压机采用分担的方法：它采用 6 个工作缸（容器），每个缸产生 2 百万牛顿的压力，6 个容器就是 1.2 亿牛顿。

为了使每个缸能产生 2 百万牛顿的压力，必须使每个缸里水的压强达到 350 万帕斯卡。这样的高压水又是怎样得来的呢？原来，它是在万吨水压机的高压贮液筒里产生的。高压空气泵向贮液筒压入高压空气，高压空气使筒里的水变成高压水。这些具有 350 万帕斯卡的高压水便推动工作容器里的大

活塞向下移动,以此锻压钢锭。

一台万吨水压机,能够将一个几百吨重的钢锭像揉面团一样揉来揉去,真的是非常神奇。

用嘴也能将书本吹起

在封闭容器中,不仅液体是个"大力士",气体也是个"大力士"。

2008年5月12日,中国四川汶川发生特大地震,在随后的救援中,救援人员使用了一种像橡胶垫子的东西,充气后它能轻易托起数吨重的房屋构架。这是一种叫作气压千斤顶的专用工具,它同样利用了流体压强的传递原理,用较小的力就能顶起较重的物体。

气压千斤顶的构造是复杂的,不过,我们可以利用一个空牛奶盒制造出一个简单的气压千斤顶来:

把空牛奶盒的四个折角揭起,把盒体压扁成一个口袋形,插好吸管,气压千斤顶便做好了。把做好的气压千斤顶有饮管孔的一面朝上,平放在桌子上;找几本书摞在上面(不要压着吸管),然后从吸管轻轻向里面吹气,书本就被托起了。

之所以用几口气就能将书本吹起,是因为吹气增大了盒子内的气体压强,这些压强会传递到盒子表面。假如盒子的表面较大,根据压力等于压强与受压面积的乘积,它能生成一个较大的压力(托力)。例如,用一个尺寸是10厘米×20厘米,也就是面积是200平方厘米的纸盒代替牛奶盒,你只需吹出比一个标准大气压稍微大一点的气,就能将10千克重的书本吹起呢!

液压传动与动植物

流体的压强传动效应不仅在工程上有广泛应用,在自然界中也随处可见呢!许多动植物,之所以能动弹、能捉虫,其实正是利用了流体的压强传动效应。

最典型的例子是含羞草。当人们触动含羞草的叶子,它立刻就会"羞答答"地将叶子合拢下垂。含羞草身上没有长肌肉,为什么会收拢叶子?原来,在含羞草的叶柄和小叶基部有较膨大的叶枕,中间有充满水分的薄壁细胞,它就像水压机里的工作缸。叶枕里细胞间的空隙较大,一刺激叶子,在 0.03 秒钟内,叶枕上半部薄壁细胞里的水分即被排到细胞间隙去,细胞的膨胀压力立即下降,此时两片小叶就闭合。所受的刺激能以每秒 10 厘米的速度沿着叶脉传到别处,从而使整个叶片下垂。过一些时间,等叶枕细胞逐渐充满水分了,叶子又恢复了原状。如果触动的力量较大,不仅是小叶闭合,总叶基部的叶枕也受到影响,从而整片叶子也会垂下来。

灵巧的蜘蛛是靠它八只机动灵活的蜘蛛腿来捕食的。蜘蛛腿是名副其实的"液压腿",它的腿里没有肌肉,只有一种液体。小巧的蜘蛛能使这种液体的压强发生变化,从而使自己的八只腿进退自如。飞虫一旦落至蛛网上,蜘蛛马上便可感受到,便飞快伸出"液压腿"跑到飞虫面前,用蛛丝将那"自投罗网"的飞虫捆住,最终实现了捕食。

认识大气压

> 给你一个剥了壳的熟鸡蛋和一个瓶口恰好小于熟鸡蛋的瓶子,你能将鸡蛋完好无损地压进瓶内吗?如果你用手硬压,那么很不幸,鸡蛋可能破碎;而如果你先在瓶中放一个燃烧的棉球,然后再将鸡蛋放于瓶口,鸡蛋很容易自己就掉下去了。

为什么鸡蛋会自己掉下去呢?因为大气压。我们的地球被厚厚的大气包围着,这些大气具有重力,而且能够像水一样自由流动,所以它的内部向各个方向都有压强,这个压强就是大气压。

空气战胜了十六匹马

大气压是一种压力,可是我们每时每刻都生活在大气中,似乎从来感觉不到这种压力。于是有人会想:大气的压力是很小的,小到我们的肌肤根本感受不到。

真是这样吗?大错特错了!大气压的力量是大得惊人的!

1654年,德国马德堡市市长、科学家奥托格里克在马德堡进行了著名的马德堡半球实验。他将两个直径20厘米的半球拼在一起,然后用科学的方法抽空圆球里面的空气。强大的大气压将中空的两个半球紧紧地粘在一起,奥托格里克让两个彪形大汉握住扣在两个半球上的绳索向相反的方向拉,结果铁球纹丝不动。奥托格里克又让两匹马去牵拉半球,结果仍然无法将两个半球分开。奥托格里克又增加了两匹马，半球仍是无法分开。奥托格里克不断地增加马的数量，直到加到十六匹马时，外加的力量才最终战胜了强大的大气压。当时，只听"砰"地一声巨响，两个半球从中缝裂开，群马扯着两个半球向相反方向冲出很远才停住。可见，大气压的力量是多么的惊人，它甚至能够战胜强壮的十六匹马！

那么，为什么我们感觉不到大气的压力呢？那是因为我们人类（也包括其他陆上生物）长期生活在大气环境中，适应环境的需要让我们的体内获得一种适当强度的气压，这种适当强度的体内气压足以对抗抵消外界的大气压，所以我们感觉不到大气对我们的压力。

空气越稀薄气压越小

一架飞机在飞行途中，机舱内气压突然下降。为了保证机舱内乘客的安全，飞行员迅速把飞机飞行高度从1.13万米降到3000米，并被迫实施返航着陆，最终并没有造成人员伤亡。

机舱内的气压为什么会下降呢？原来，大气的压强随着高度的增加而减小。飞机在1万米高空飞行时，机舱外的大气压比地面附近的大气压要小很多，人在这样的气压环境下根本无法生存。因此，为了保证飞机内空乘人员的生命安全，飞机中需要使用一种加压设备给机舱内加压，使得机舱内的气压与人正常生活时的气压相等。但是，机舱外的大气环境可能随时会变化，有时恶劣的环境可能造成机舱突然出现裂缝，从而使得机舱内的空气向外泄露；此外，机舱内的加压设备有时也会出现工作不正常的情景，这些都能造成机舱内气压下降。机舱内气压下降的后果是严重的，为了保证人员安全，必须将飞机下降到较低的高度。

那么，为什么大气的压强会随着高度的增加而减小呢？这是因为，越往高处，大气越稀薄，也就是空气分子越少；空气分子越少，对周围物体的冲击作用，也就是压力，自然也就越小。根据这个道理，我们也可以分析出在瓶子中放入一个点燃的棉球后，鸡蛋会自己掉进瓶子内的原因：因为燃烧的棉球会消耗掉瓶子内大量的氧气，而氧气是空气的主要组成部分；氧气减少了，空气自然也就变稀薄了，因此瓶内的气压自然也就变小，小于瓶外大气压；在瓶外大气压的均匀作用下（用人手硬压无法做到均匀作用），鸡蛋便被完好地压进瓶子中。

太空中没有气压

人们通常认为，在太空中遨游是一件非常令人惬意的事情。其实他们不知道，那可是一段非常艰辛甚至危险的旅程啊！因为太空中没有气压。

太空是一个几乎真空的环境，所以它的气压也几乎为零。在这样的环境中，宇航员必须穿上厚厚的宇航服，宇航服内要加入与地面大气压强相接近的气压，否则他们的身体会被体内的压强压破。想想那些从深海里打捞上来的鱼类吧，它们因为没有办法平衡体内外的压强，在还没出海面的时候就已经被自己体内的压强压死了。

更为恐怖的是，因为没有气压，在太空中的宇航员要是不穿上宇航服的话，他们体内的血液立刻就会像开水一样沸腾。为什么会这样呢？因为液体（包括血液）的沸点与气压紧密相关，气压越高，沸点越高，气压越低，沸点越低。由于太空中没有气压，所以液体在那样环境中的沸点将非常低，宇航员如果不穿上宇航服，体内的血液立刻就会沸腾，人立刻就会死亡。

气压可预报天气

大气压与地球上的气候、地理、生物活动紧密相关，你知道吗？利用它，可以很好地为人类服务，比如说天气预报。

如果你经常收听天气预报，你一定也时常听到像"高气压""低气压""高压脊""低压槽"这样的词语，它们对应的其实就是某一类气象。

地球表面上的风、雷、雨、雪，万千气象，大都跟大气的运动有关，而造成大气运动的动力就是大气压分布的不平衡和气压分布的经常变化。由于地球表面各处在太阳照射下受热情况不同，因而各地的空气温度会有较大差别。温度高的地方，空气膨胀上升，空气变得稀薄，气压就低；温度低的地方，空气收缩下沉、密度增大，气压就高。另外，大气流动也是造成气压不平衡和经常变化的重要因素。这样，在地理情况千差万别的地球表面上空，就形成了各种各样的气压分布类型，这些气压分布类型对应着各种天气形势。气象工作者根据这些形势，对未来的天气作出一个趋势性的判断，这就是天气预报。

气压与日常生活

> 气球、高压锅、吸尘器、下水管道这些看起来毫无关联的物品，你知道它们其实与一种东西紧密关联吗？这种东西就是大气压！

大气压对地球实在太重要了，地球上的万物，尤其是生物，似乎片刻也离不了它。大气压对万物有破坏性的一面，但更有建设性的一面。如果你了解大气压在下面这些事物中的作用，你一定会对大气压有一个良好印象的。

没有气压，你连汽水都喝不了

这可不是危言耸听，这是真的！

我们用吸管吸汽水，总以为是嘴把汽水吸上来的。其实并不是这样，用嘴吸，只吸走了吸管中的空气，至于汽水嘛，那是大气把它压到你嘴里去的。

原来，吸管中的空气被吸走后，管里面的汽水受到的空气压强变小，而瓶子里（吸管外）的汽水受到的压强是大气压强，这两个压强是不相等的：外围的大气压强较大，管里的空气压强较小。较大的大气压强将管里的汽水往上压，最终汽水便流进了人的嘴里。

如果汽水瓶口紧塞了一个软木塞，木塞中插着一根玻璃管，那么，从玻璃管里吸汽水，你至多能吸上一两口，再想多吸是不行的。因为塞紧的软木塞阻挡了外边的大气，大气压无法将瓶内的汽水压到嘴里。

那么，有没有在不拔掉瓶塞的情况下也能喝到汽水的可能呢？

对着玻璃管向瓶子里吹气或许是一个不错的办法。因为吹气能增加瓶内的气体，进而增大瓶内气体的压强。瓶内的气体压强增大了，就能将汽水从玻璃管里压出来了。往瓶里吹气越多，压强增加得越多，汽水喝起来也就越顺利。

用真空吸尘器对付细尘

家里很久没有打扫了，地面到处是灰尘等细小的脏物，怎么办？

使用真空吸尘器啊！

真空吸尘器是利用大气压强的又一种典型工具，它能将地面、墙壁、床铺及家用电器里的微尘细屑吸收得干干净净，甚至连地上的蚂蚁也难逃罗网，是名副其实的"家庭保洁员"。

真空吸尘器有一个电动抽风机，通电后能高速运转，使吸尘器内部形成瞬间高真空。因为吸尘器内高真空，所以它的气压大大低于外界的大气压。在显著气压差的作用下，吸尘器外被吸嘴搅打起来的细小尘埃和脏物，很容易就随着气流进入吸尘器桶体内；再经过过滤器的过滤后，尘垢便留在了集尘袋内，而净化后的空气则经过电动机重新进入室内。

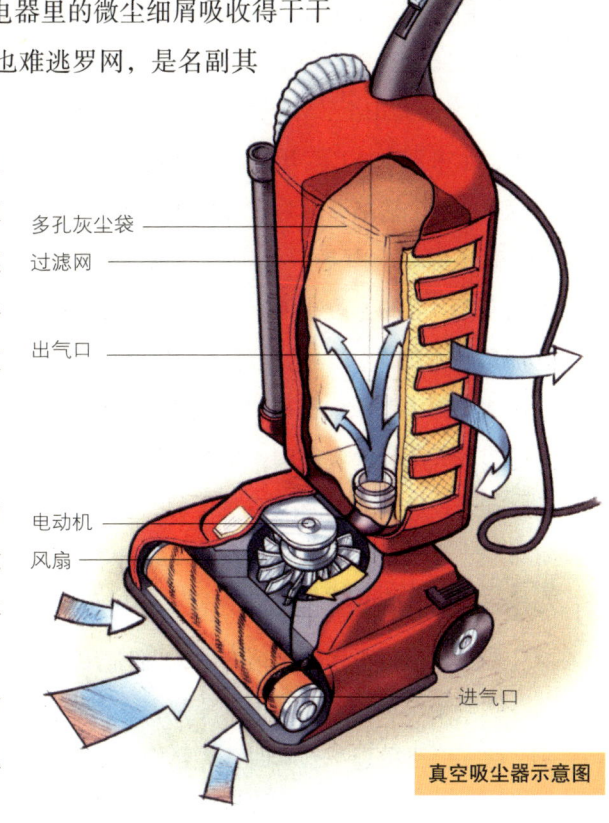

多孔灰尘袋
过滤网
出气口
电动机
风扇
进气口

真空吸尘器示意图

吸尘器配上不同用途的附件，可完成不同的工作。如配上地板刷，可清扫地面；装上扁毛刷，可清扫沙发面、床单、窗帘等；换上圆毛刷，可用于清扫天棚、门窗、墙面等。

大气压被关进高压锅里了

因为大气压强随着高度的升高而减小，而液体的沸点又随着压强的减小而降低，所以米饭在高山上通常煮不熟。

真是麻烦！难道在高山上人们就不能吃上完全煮熟的米饭了吗？别担心，情况没有那么糟，因为聪明的人类已经为解决这个问题想好对策了——制造高压锅。

我们知道，水的正常沸点是100℃，在和着米粒的水达到100℃时，米粒才能被完全煮熟。但是在高山上，水的沸点通常要低于100℃。比如在海拔6000米的高山上，水的沸点大概就只有80℃，在这样的环境下用普通锅煮饭，水未到100℃就开了，所以煮出来的食物自然不能完全熟透。高压锅可以弥补这个缺陷，因为它可以增大锅内气压，从而达到提高沸点的目的。

高压锅盖子内是一个密封容器，使用高压锅烧饭时，锅内水的温度不断升高，水的蒸发也不断加快。由于锅是密封的，因此水蒸气不会逃离，它聚集在水面上方，越集越多，最终使得锅内气压变得越来越大。当锅内气压增大到1~2个大气压时，锅内的液体沸点已经上升到100℃。此时，强大的锅内气压顶起气压阀，将多余的水蒸气放出来，锅内气压不再增大，维持在一个较适当的范围内。

好用的"吸子"

厨房水池的下水管被堵塞了，人们常用一种俗称为"吸子"的工具来处理。

"吸子"利用的也是大气压强，它由木柄和半球形橡皮碗构成。当需要用"吸子"来疏通下水管时，先将橡皮碗盖在下水管口上，向下压木柄，使皮碗变扁，从而可以挤出皮碗内的一部分空气，同时使得堵塞物与皮碗之间的空间相对变得较小。之后，打开水笼头使池中放满水，然后迅速向上拔皮碗。这时，堵塞物与皮碗之间的空间突然变大，使这之间的气体压强变小，小于堵塞物下方所受的大气压强，于是大气压强向上推堵塞物，使之松动。由于此时正好有大量的水往下冲，所以松动的堵塞物正好就被水流冲走了，管道得以疏通。

将空气压进打气筒

自行车胎没气了，皮球瘪了，用打气筒就能轻松将它们重新变回"丰满"的样子。

打气筒是利用气体压强跟体积的关系制成的生活常用工具。打气筒内有一个活塞，其上端有一个凹形的橡皮盘。当向上拉活塞时，活塞下方的空气体积增大，压强减小，活塞上方的空气就从橡皮盘四周挤到下方（气筒内）。向下压活塞时，活塞下方空气体积缩小，压强增大，使橡皮盘紧抵着筒壁不让空气漏到活塞上方；继续向下压活塞，当空气压强足以顶开轮胎或皮球气门（气门是一个单向阀门）时，压缩空气就进入了轮胎或皮球。

陆 海空中的神秘魔力

> 19世纪，沙皇俄国发生了一起铁路大惨案：一队士兵站在轨道旁迎接一位将军的视察，结果当这位将军坐着火车到达时，士兵们像受什么魔力驱使一样，一个个被卷入铁轨中

是什么魔力这么厉害？将一个个士兵都杀死在铁轨中？答案是气流。早在惨案发生前的一百多年前，瑞典科学家伯努利就曾指出：气流在流动时，流速大的地方压强小，流速小的地方压强大。这就是著名的"伯努利原理"，沙俄的士兵们正是死于这一原理之下。

铁路惨案的"凶手"是气流

为什么"伯努利原理"会让沙俄士兵们丧命呢？这中间具体隐藏着什么样的秘密？

原来，火车在沿着轨道行驶时，速度非常快，快速行驶的火车会带动靠近车身边缘的空气也加速流动。根据"伯努利原理"：流速越大，压强越小；流速越小，压强越大，靠近车身边沿的空气压强要小于车身边沿外围的空气压强，于是在压强差的作用下，车身边沿外围的空气会将它内侧的物体推向车身。因为沙俄士兵是站在车身边沿附近的，所以很不幸，他们被这只无形的魔鬼之手推向了火车，最终倒在铁轨之中。

所以，为了确保人身安全，现在的火车或地铁站，其距离轨道边缘约一

米处都划有一条白色的安全线,铁路部门规定:在列车停稳前严禁人们越过此线!

谁撞坏了"奥林匹克"号

"伯努利原理"不仅适用于气体,而且还适用于液体,它是一切流体的普适规律。

知道"奥林匹克"号邮轮吗?或许很多人都不知道。但说到"泰坦尼克"号邮轮,相信很多人都耳熟能详吧——这艘曾经的世界最大邮轮撞冰沉没的情景已经通过电影为世界各国人们所熟知了。其实你知道吗?"奥林匹克"号是"泰坦尼克"号的姐妹船,它也是当时世界上最大的邮轮之一。而且有意思的是,"奥林匹克"号的遭遇也跟"泰坦尼克"号有些相似,不过它要幸运得多,最终并没有沉没,只是船体受损。

造成"奥林匹克"号船体受损的"凶手"也是流体压强,不过这个流体不是气流,而是水流。当时的情形是这样的:"奥林匹克"号行驶在大海上,在离它一百多米远的地方,有一艘比它小得多的铁甲巡洋舰"豪克"号也在行驶,不过两艘船几乎是平行行驶的。然而,奇怪的事情还是发生了:那艘原本与"奥林匹克"号平行的小船"豪克"号像突然受到某股神秘力量的驱使,竟扭转船头快速朝着大船冲去,丝毫不服从舵手的操纵。最终,"豪克"号和"奥林匹克"号船舷上都撞出一个大洞。

"豪克"号之所以会撞向"奥林匹克"号,是因为两艘船平行向前航行的时候,在两船之间的水流速度会变得非常快,比外侧的水流快得多,因此水对两艘船内侧的压强,比外侧部分的压强要小。于是,在外侧水的压强作用之下,两艘船互相靠近。由于"豪克"号比"奥林匹克"号要小得多,所以外侧水的压力对它的作用更明显,这样,"豪克"号会快速地冲向"奥林匹克"号,而"奥林匹克"号则几乎停在原地等着"豪克"号撞来。

气流压强差托起了飞机

流体的压强差给陆上和海上的交通制造了一些麻烦，在空中，它是否也会成为"麻烦制造者"呢？答案是会。不过，人们更愿意讨论它在空中的贡献——因为有了它，我们的飞机得以飞上蓝天！

飞机是靠机翼上下侧的压强差来产生上升动力的。飞机的机翼造型非常讲究，它通常是上凸下凹的，这有利于机翼获得一个上下的压强差。当一股气流沿着机翼流过时，机翼上方通过的气流流速比机翼下方通过的流速要大，因此机翼上方所受气流的压强小于下方所受的压强，于是，机翼的上下方就形成了一个压强差。这个压强差使得机翼获得了一个上升的动力。当上升动力与飞机的重力相互平衡时，飞机就能够保持在一定的高度。再在发动机的牵引之下，飞机就能够高速地在高空中飞行了。

与飞机机翼的原理恰恰相反，有的奔驰速度极快的跑车在车的尾部安装了一种"气流偏导器"，它的作用是为了让跑车在高速行驶时，对地面的压力更大，以此提高车轮的抓地性能。

肥皂泡，圆又圆

公园里，有几个小朋友在吹肥皂泡。那一个个圆圆的肥皂泡升上天空，在阳光的照耀下发出美丽的光芒。

你知道吗？圆圆美丽的肥皂泡，它的身上包含着丰富的物理知识，其中有光学的，有热学的，还有力学的。如果你想了解肥皂泡背后隐藏的力学知识，就往下看吧。

先升而后降

用细管子的一头蘸一下肥皂水，再在另一头小心地吹一下，又大又圆的肥皂泡就会从管子里飞出来。细心观察肥皂泡的运动，它们总是开始时上升，随后便下降，这是为什么呢？

原来，从管子里吹出的肥皂泡里面充满了气体，在开始的时候，这些气体是热的，因为是从我们嘴里吹出来的。肥皂膜把热空气与外界隔开，形成里外两个区域，里面热空气的温度大于外部空气的温度。此时，肥皂泡内气体的密度小于外部空气的密度，根据阿基米德原理，此时肥皂泡受到的浮力大于它的重力，因此肥皂泡会上升。这个过程就跟热气球的原理是一样的。

随着时间的推移，上升的肥皂泡内、外气体发生热交换，内部气体温度下降，由于热胀冷缩，肥皂泡体积逐渐减小，它受到的外界空气的浮力也会逐渐变小；而其受到的重力不变，这样，当重力大于浮力时，肥皂泡便会下

降了。

普通水吹不出气泡

肥皂泡是用肥皂水吹出来的，要是你拿普通的水去吹，那你可吹不出美丽的泡泡来。

物质的分子一般都有一种附着于别的物质表面上的能力，物理学家称之为吸附，它实际上是一种分子力。有的物质吸附能力特别强，称为表面活性物质；有的物质吸附力很弱或者根本没有，就称为弱活性物质或者没有活性的物质。两张纸之间没有吸附力，所以邮票和信封无法粘在一起。但如果在邮票与信封之间涂上一层吸附力很强的糨糊或胶水，那么邮票和信封就可以牢固地粘在一起。

吸附现象不但存在于固体与液体之间，也存在于固体与气体之间、液体与气体之间以及液体与液体之间。以水来说，水分子与别的物质之间的表面活性不太强，像有油脂的东西就沾不上水，所以要纯粹用水来洗干净带油渍的衣服是很困难的。而肥皂或洗净剂之类的物质，其表面活性却极强，它不仅能强烈吸附水分子，而且能强烈吸附油脂分子。用添加了肥皂或洗净剂的水清洗带油渍的衣物，这些添加剂就能把油渍吸附住，并且把它拉到水里，所以洗起来就轻松多了。

回到气泡的问题。水不仅与别的物质之间的吸附力不太强，就是水分子与水分子之间的吸附力也比较弱，所以要把纯粹的水吹出气泡来很不容易，稍微扰动一下就破了。但是如果在水里添加少量吸附力很强的肥皂或洗涤剂，这些添加剂就在水分子之间发挥了吸附作用，使得水分子之间变得不易脱开。于是对这种有添加剂的液体吹气泡就很容易，吹出的气泡即使经过很大的扰动也不会破裂。这就是同样是液体，肥皂水能吹出气泡而普通水却吹不出来的原因。

泡泡总是圆形的

吹出的肥皂泡总是呈圆球状的，不会是方形或者其他形状，这里面又包含着什么秘密呢？

用显微镜持续观察一个刚形成的肥皂泡，会发现肥皂泡的表面在慢慢收缩。这其实是因为受到了一种叫作"表面张力"的作用。表面张力也是分子力的一种表现，它发生在液体和气体接触的边界部位。

一般来说，液体内部的分子和分子之间几乎是紧挨着的，分子间经常保持平衡距离，稍远一些就相吸，稍近一些就相斥，这就决定了液体分子不像气体分子那样可以无限扩散，而只能在平衡位置附近振动和旋转。

肥皂泡是一种里面充满气体、外围包裹着气体、中间则是一层液体膜的结构。在液体膜表面层，由于外层包裹的空气分子对它的吸引力小于内部液体分子对它的吸引力，所以该液体膜表面层所受合力不等于零，其合力方向垂直指向液体内部，这个合力就是表面张力。在表面张力的作用下，液体膜表面具有自动缩小的趋势，直到泡里面的气体压强使表面不能再缩小时为止，这时肥皂泡基本上就呈圆球形。

由于肥皂水有重量，要往气泡的下面流，所以气泡的上层会逐渐变薄，强度也逐渐变弱。当气泡上层变得足够薄、足够弱时，气泡里面的气体就会从泡的薄弱部分冲出来，于是，肥皂泡便破裂了。

"水立方"与肥皂泡

肥皂泡是表面张力和内部气体压力作用下的一个球状结构。近年来，人们仿照肥皂泡的原理建造了许多大型的膜结构建筑。知道"水立方"吗？它就是利用肥皂泡原理建成的世界上最大的一座膜结构建筑。

"水立方"的正式名称是中国国家游泳中心，它是中国为2008年北京奥运会的举办而修建的一个大型游泳馆。"水立方"的设计灵感来自水分子结构，它的外表采用世界上最先进的环保节能膜材料——ETFE(四氟乙烯）。这种像"泡泡"一样的膜材料有自洁功能，使膜的表面基本上不沾灰尘，即使沾上灰尘，自然降水也足以使之清洁如新。此外，膜材料具有较好的抗压性，人们在上面"玩蹦床"都没问题。

因为要造出水分子的感觉，工程技术人员给"水立方"的"皮肤"装上了3000多个气枕，每个气枕都是不规则的多面体，大小不一，形状各异。安装成功的气枕通过事先安装在钢架上的充气管线充气变成"气泡"，整个充气过程由电脑智能监控，并根据当时的气压、光照等条件使"气泡"保持最佳状态。

"水立方"是现代膜结构建筑的典范，它与一旁的国家体育场——"鸟巢"共同构筑了北京奥运最独特的风景线。

打了你我的手也疼

> 两个人因摩擦起了冲突，其中一个人怒不可遏地挥手去打另一个人，结果用力过大，且击打的部位不对——打到了对方坚硬的肘关节上，最终他的手也疼得肿起来。

还记得牛顿第三定律吗？作用力与反作用力总是"成双成对"的，有作用力就必然有反作用力，不可能只有作用力而没有反作用力；而且，作用力的大小总是等于反作用力，方向相反。自然界的这个神奇规律几乎支配了人类所有的活动；不仅人类，其他生物也受其支配。

奇怪，滑水运动员怎么不沉下去！

你见过滑水运动吗？在波浪滚滚的水面上，滑水爱好者脚踩在一块小小的滑板上，任由前方飞驰的游艇带动自己的身躯飞驰，真是惬意而又刺激！

可是，为什么滑水者踩在滑板上不会沉下水去呢？非但没有沉下水去，而且似乎还紧黏着滑板做"水上飘"呢？

原因就在那块小小的滑板上。仔细观察滑水爱好者滑水时的情景，你就会发现：滑水爱好者的身体总是向后倾斜的，他们的双脚用力向前蹬踏滑板，使滑板和水面成一个夹角。当前方奔驰的游艇通过牵绳拖着滑水者时，滑水者就通过滑板对水面施加了一个斜向下的力。而且，游艇对滑水者的牵引力越大，滑水者对水面施加的这个力也就越大。因为水不易被压缩，根据作用

力与反作用力的规律，水面就会通过滑板反过来对滑水者产生一个斜向上的反作用力。这个反作用力在竖直方向上的分力等于滑水者的重力时，滑水者就不会沉下水去。因此，滑水者只要依靠技巧，控制好脚下滑板的倾斜角度，就能在水面上快速滑行，而无下沉之忧。

你不可能提起自己

据说东汉末年，刘备、关羽、张飞在桃园结拜为结义兄弟之后，张飞对自己排在第三位的境遇总感不服气。有一天，兄弟三人饮酒聚会，张飞喝了不少酒，趁着酒劲提出要与关羽比比力气，以便出出关羽排在自己之前的那口"恶气"。张飞提出：谁能把自己提起来，谁的力气就大。说完，他用双手紧紧抓住自己的头发，使劲往上提。可是无论他使出多大的力气，他的身子都始终岿然不动。而关羽不使蛮力，他找来一根绳子，把绳子的一端拴在自己的腰上，另一端跨过一个树杈，双手使劲向下拉，结果身体慢慢就离开了地面。关羽胜了。

张飞为什么会失败呢？这就要到作用力与反作用中去寻找答案了。

张飞用手向上拉自己的头发，手给头发一个向上的力，但头发同时也给手一个向下的反作用力,这两个力的大小总是相等的,而且方向始终相反,都作用在张飞自己身上,因此张飞不可能用这种方法将自己的身体提起来。而关羽就很聪明,他把绳子跨在树杈上,通过树杈使他的身体受到向上的力的作用,因此能把自己提起来。

所以,由于反作用力的存在,任何人是不能直接将自己提起来的,必须借助外力!

弯腿才能跳得起

如果有人问你:"能不能不弯腿、不踮脚,直直地就跳起来?"可能你会不假思索地就回答出来:"能,这有什么难的!"为了证明自己的观点,或许你还会在提问者面前示范一下。可结果呢?无论你怎样努力,你就是跳不起来!感觉浑身有劲却无处使的窘况甚至会憋得你发疯!

自然界中的任何事物都要遵循客观规律,对于运动的物体来说,牛顿定律几乎是普遍适应的。牛顿第二定律明确指出:力是改变物体运动状态的原因。如果我们要从地面上跳起来,就一定要使地面对我们有一个力的作用。如何才能使地面对我们施展一个作用力呢?牛顿第三定律为我们找到了答案:可以先对地面施加一个作用力,然后地面反过来会对我们生成一个反作用力。而我们要想对地面施加作用力,就必须下蹲或踮脚,因为只有下蹲或

踮脚我们才能调整腿部的肌肉，使它有能量对地面施加作用。下蹲得越低（在一定限度内），脚能对地面施加的作用越强烈，地面对我们的反作用力也越大，而我们也就能跳得越高。

或许有人仍然会说：我可以直直地将自己的身体干拔起来。可很遗憾，那仍然需要踮脚。总之，无论如何，不弯腿、不踮脚是不可能跳起来的，因为你无法对地面施加作用。

生物中的"喷气式飞机"

人类活动离不了作用力与反作用力，动物们也同样如此。

在海洋中，有许多软体类动物以非常奇怪的"喷式"动作控制自己在水里的活动。比如说乌贼，它们的身体侧面有孔，而前面则有特别的"漏斗"。通过孔和"漏斗"，乌贼能够将水吸入鳃腔，然后经过"漏斗"用力地把水压出体外。这样，就跟火箭点火升空一样，乌贼对外施加了一个力，而乌贼本身也得到了一个相反的推力，这个推力助它移动身体。乌贼能够使它们的"漏斗"管快速地指向两侧、前方或后方，然后用力从里面压出水来，所以它们能随意向各个方向快速移动身体。

水母的行动也是这样，它们收缩肌肉，使自己那钟形的身体下面迅速排出水来，得到一种反方向的推力。蜻蜓的幼虫和其他一些水中动物在行动的时候，也都采用相似的方法。

○ **海洋动物蜇伤的处理方法**
如果有人被有毒的鱼类、水母或僧帽水母蜇伤，急救者需要让伤者坐下，帮助他保持镇定，并用醋或海水冲洗伤口以缓解毒液产生的不适感。如果蜇伤很严重，伤者需要接受医生的治疗。

这些大自然的精灵们，在具有科学眼光的人看来，就像一架架纯天然的喷气式飞机，它们以喷发的方式使自己获得前进的动力。假如能采用一种全景式的照相技术，将所有正在活动的这些精灵们拍下来，那水花四射、气势磅礴的情景一定非常壮观！

漂亮，球进啦！

"漂亮，球进啦！"电视里传出一阵喝彩声，坐在电视机前观看球赛转播的刘明激动地站起来，跟着便又唱又跳，好像那个球是他踢进去似的。

足球，作为世界第一运动，充满无穷的魅力，每一届的世界杯足球赛都吸引了无数的球迷为之如痴如醉。你知道吗？足球比赛又被称为"力与美的艺术"，在它的身上处处显现着力的痕迹。可以说，足球比赛正是因力而美，而又因美而吸引人们的目光。

穿过人墙的那一道美妙弧线

在一场激烈的足球比赛中，进攻的一方在底线靠近角球点位置获得了一个直接任意球，主罚任意球的攻方队员认真地准备着主罚这个任意球，而守方的队员则紧张地排起了由五六个组成的"人墙"。随着裁判的一声哨响，主罚任意球的一名队员用力地踢出皮球，结果皮球划出一道美妙的弧线，绕过"人墙"直挂对方球网死角。

太漂亮了！这就是人们常说的"香蕉球"，它是足球比赛中最漂亮的进球之一，同时也是足球比赛力与美统一的最典型例证。想踢出"香蕉球"可不容易，它需要运动员有出色的技术，能巧妙地运用自己的力量，同时还需要一点运气。

那么,"香蕉球"是怎么踢出来的,为什么它能划出一道美妙的弧线呢?原来,罚"香蕉球"的时候,运动员并不是拔脚踢中足球的中心,而是稍稍偏向一侧,同时用脚背摩擦足球,使球在空气中前进的同时还不断地旋转。这时,一方面空气迎着球向后流动;另一方面,由于空气与球之间的摩擦,球周围的空气又被带起来一起旋转。这样,球一侧空气的流动速度加快,而另一侧空气的流动速度则减慢。根据流体力学的伯努利原理:气体的流速越大,压强越小;流速越小,压强越大,所以,皮球并不走沿运动员踢球方向的直线,而是在直线运行一段距离后(这段距离通常非常小)突然朝着一侧转弯——朝空气流速大的一侧转弯。这就是"香蕉球"的原理。

"香蕉球"由于球速快,运行路线诡异,再加上守方守门员在防守时容易被己方排"人墙"的球员遮挡视线,所以很难防。只要皮球角度够刁钻,守门员基本上无能为力。

像电梯一样降落的"电梯球"

足球比赛中还有一种能与"香蕉球"媲美的进球——"电梯球"。

"电梯球"也叫"落叶球",是指运动员使用脚背内侧发出旋转很小,但是球到球门前会突然变线下坠的任意球。"迅速升到六楼,却又急速降到一层,就像电梯一样。"这就是电梯球的形象表示。

"电梯球"同样包含了流体力学的原理,不过它与"香蕉球"有点不一样。首先,"电梯球"的运行路线不是完美弧线,而是飘忽不定的;其次,"电梯球"的足球本身几乎不旋转,或者相对高速前行来说,自旋速度很小。这两点互为因果,由于足球自身旋转速度很小,脚力几乎全部运用在前行方向所需的动能上,足球凌空的瞬间就获得了高速;刚开始足球高速直线前行,但随着空气作用于流线型的球体表面,足球任意一个位置都能产生气压差,这些气压差直接导致足球运动线路飘忽不定,要么忽左忽右,要么忽上忽下。要想踢出几乎不转的球,踢球时应该踢中球的正中。

"电梯球"最让人叫绝的是它的突然下坠。之所以出现这样的情景,是因为球是用脚踢的,踢球点一定是在正中稍稍偏下一点的地方,因而踢出的力总体上是一道向上的力。正是这道力,使球有一点上旋。而正如上面所说,球一开始应该是直线的,但到后面,气压差和空气阻力使得足球的运行轨迹出现变化,这变化中就包括有下坠。如果一个运动员的技术足够熟练精湛,那么他就能够控制足球的最后变化轨迹是下坠,而不是其他。当然这并不容易。

因为足球一开始是一个向上的球,而下坠是到后期的,经历的时间非常短,所以才有一种突然的感觉。

守门员的学问

注意到足球比赛中的守门员了吗?他们是场上一方十一个队员中唯一不上前参与进攻的。尽管不上前参与进攻,但是守门员的角色非常重要,甚至可以说要重要过场上的任何一个队员，因为他们是阻止对方进攻的最后一个人，同时也是唯一可以用手去阻止足球的人。

守门员在阻挡足球的时候，通常用手去接，因为有时候当对方队员大力射门时，球速可以高达 100 千米 / 小时。这样的速度甚至可以赶上高速公路上奔驰的小轿车，如果守门员用胸部或其他部位来接球，那么胸部或其他部位所受的力将高达 1500 牛顿以上，这样守门员可能受伤。而且，守门员在接球的时候也有技巧，他们不是直直地用手去挡飞行的足球，而是先用手拍一下足球，将球拍落地后再抱入怀中。这样做是为了缓解足球的冲力，使得

足球强大的冲力不会一下子就作用在手上，从而避免手受伤。

守门员最紧张的时刻莫过于扑点球的时候。那一刻，守门员其实已不是在与足球比赛，而是在与运气比赛。为什么这么说呢？因为点球的位置距离球门只有 9.15 米，而射门时球速可以高达 100 千米/小时，这样球到球门所用时间大约为 0.32 秒，而人脑的反应时间只有大约 0.6 秒。这样足球到球门所用的时间远远小于人脑的反应时间，守门员根本没有时间根据足球的运动路线来做出扑球反应。因此能否扑住点球跟守门员对来球方向的预先判断有关，或者说与运气有关。运气好了（预先判断对了足球方向），守门员可以阻止足球进入网窝；运气不好的话（判断错了方向），他就只能望"球"兴叹了。

球场处处现"牛顿"

足球比赛是一种运动，牛顿的三大运动定律在这里处处可以得到体现。

快速跑动的运动员被对方球员的脚或身体绊住时，身体都是向前倾倒的。这是因为人被绊前，人的上半身和下半身以相同的速度一起往前运动；被绊时，人的下半身突然停止了运动，而上半身却由于惯性仍保持原来的运动状态继续向前，于是奔跑的运动员绊倒时会前趴。

踢出的球在球场上滚动时总是越滚越慢，最后停下来。这种情况跟牛顿第二定律有关：踢出的足球要保持原来的运动状态，沿原来的运动方向向前滚动，但由于空气和球场草皮对足球有一种阻力。根据"力是改变物体运动状态的原因"，这个阻力最终改变了足球的运动，使足球越滚越慢，最后停了下来。

对着足球用力踢出一脚，足球在你的重重打击之下，如炮弹一般飞走；但是，由于用力过大，你的脚也隐隐作痛。这是因为作用力会生成反作用力：你对足球施加了一个巨大的作用力，足球反过来也对你施加一个巨大的反作用力。

真神奇，力也可以合成！

一个人就能将一只箱子拉到指定的位置；两个人同样能；三个人甚至更多的人一样能，只要他们按照一定的角度拉就行。

力的世界就是这么神奇，一个力产生的效果可能与两个力或者多个力产生的效果完全相同！物理学上将这种现象叫作合力。合力是相对分力来说的，它的大小和方向均与各个分力有关。

既可合，又可分

两个人呈一定角度地拉一只箱子，箱子并不是沿着任何一人拉力的方向前行，而是沿着某一个固定的方向前行。这就是因为两个人的拉力合成了一个力，这个合力的方向与那个固定的方向重合。反过来，假如只有一个人拉箱子，他只要沿着那个固定的方向，同样也能达到与两个人拉完全一样的效果，因为这时他一个人的拉力可以看作分解了两个互成角度的分力，而这两个分力的方向正好与两个人的拉力重合。

由此可见，从效果上来说，力是可分可合的，一个力可以分解成两个力，两个力可以合成为一个力。科学上，通常用平行四边形法则来表示合力的方向，如两个力，它们对角线的方向即为合力的方向。

自由泳中的合成力

合力的效果是真实存在的，但是合力本身并不存在，因为它并没有施力体，不像每一个分力，具有具体的施力体（像手、脚等），它只是一种等效作用而已。尽管并不真实存在，但合力的等效作用在我们的日常生活中还是处处发挥着作用。

你知道蛙泳和自由游吗？蛙泳时，游泳者双脚向后蹬水，水受到向后的作用力，则人体受到向前的反作用力，这就是推动人体前进的推进力。但是，在自由泳时，游泳者的下肢是上下抖动的，并非向后蹬水，也同样获得了向前的推进力，这又是什么道理呢？

原来，在作自由泳时，游泳者上下抖动的双脚通常不是同步的，而是一上一下：右脚向下打水，左脚向上打水；或者右脚向上打水，左脚向下打水。在游泳的某一刻，由于双脚与水的作用面是倾斜的，故双脚击水的作用力倾斜向后，而水对双脚的反作用力则倾斜向前。根据合力的原理，在效果上，倾斜向前的力可以分解为两个分力：一个水平向前，一个竖直向上或向下。而这个水平向前的分力正是推动游泳者前进的推进力，竖直方向的分力则与

其他竖直方向上的力（如重力、水对脚的支持力）中和。

同样道理，鱼类在水中左右摆尾，却获得向前的推进力，也是由于向前的分力所致。

合力助火车拐弯

2007年9月，在中国的胶济铁路淄博段，发生了一起两列火车相撞的重大事故。造成这次事故的主要原因是：当时一辆火车从西向东超速行驶，经过一段弯道时，尾部的三节车厢甩到了临线铁路的线路上，恰巧遇到另一辆从东向西行驶的火车经由此线，两列火车相撞，最终酿成惨剧。

为什么行驶中的列车会被掉道甩出去呢？原来，这跟火车拐弯时的向心力有关。火车的向心力通常是一种合力，它由两种分力合成。

仔细观察火车的轨道，我们就会发现：火车拐弯处的轨道不是水平的，而是倾斜的——外轨道略高于内轨道。之所以这么设计，是因为火车拐弯时需要获得一种向心力，而倾斜的轨道可以为火车合成一个向心力，而不必由轨道对轮缘的压力直接提供向心力，因为压力通常很大，它很容易压坏铁路。

具体来说：采用外高内低的拐弯轨道，当火车要拐弯时，火车受到一个竖直向下的重力和斜向上的支持力（因轨道是倾斜的，所以轨道对火车的支持力也是倾斜的），重力和支持力在效果上会合成一个指向弯曲轨道圆心的力，这个力就是火车拐弯所需的向心力。

如果向心力突然消失，物体由于惯性，会沿切线方向飞出去。如果物体受的合力不足以提供向心力，物体虽不沿切线方向飞出去，但也会逐渐远离圆心。胶济铁路上的火车之所以会被甩出去，就是因为合力不足以提供向心力，乃至合力突然消失。

迎风飞吧，无动力飞行器！

> 天上飞着各种奇怪的动物，有老鹰，有燕子，有蜻蜓，甚至有凸着眼的金鱼和长着无数只脚的蜈蚣！这是怎么回事？怎么金鱼和蜈蚣也能在天上飞？

哦，原来那并不是真正的动物，只是风筝而已。风筝是最早寄托人类飞天梦想的工具，在风筝之后，人类又相继发明了许多飞行器，包括现代的飞机、火箭等。你知道吗？除了纯机器动力的飞机和火箭，无动力的滑翔伞和滑翔翼也是现代人类探索天空的得力工具，它们和风筝一样，都是主要依靠风力来实现飞翔的。

小小风筝飞得高

风筝制作很简单，玩法也很容易掌握，只要人拉着风筝的拴线绳迎着风奔跑，风筝便会迎风飞翔。不过，玩法简单的风筝，其背后的原理可并不简单。

风筝在飞翔的过程中，主要受到三个力的影响：托举起其上升的扬力、阻碍它上升的抗力和拴线绳对它的拉力。

风筝本身具有重量，会往地面降落，它之所以能在空中漂浮飞翔，是受空气的力量支撑向上，这种力量便是扬力。扬力产生于气压差，因为众所周知，风筝在飞翔过程中，必然受到空气（风）的作用，而空气分为上、下流层。通过风筝下层的空气受风筝面的阻塞，空气的流速减低，根据伯努利原理，

此处气压升高；而通过风筝上层的空气流通舒畅，流速增强，同样根据伯努利原理，此处气压减低。一边的气压升高，一边的气压却下降，这一上一下间便产生了气压差，而这个气压差正是托举风筝上升的扬力。

迎风飞翔的风筝，除了受到空气的扬力之外，同时也受到空气往下压的压力，这种压力便是抗力。抗力小于扬力时，风筝才能飞翔于空中；若抗力大于扬力，风筝便飞不起来。控制抗力的方法通常是改变拴线绳的位置，一般来说，当风筝拴线绳的角度放置下端时，抗力增强，此时风筝只会往远处飞扬；若风筝拴线绳的角度放置上端时，此时扬力增强，抗力减少，风筝会往高处飞翔。

除了扬力和抗力，拴线绳的拉力也是一个不容忽视的力量。因为首先，风筝要有拴线绳的牵引，才能为人控制，否则它只是一只"断线的风筝"随风飘逝；其次，拴线绳对风筝的牵拉还能起到控制风筝飞翔状态的作用，比如上文所说的控制抗力的方法。一般来说，只要拴线绳与水平地面有一个40°~60°的夹角，风筝就能在空中迎风飞翔。

与气流一起上升的滑翔翼

有一种现代很时兴的飞翔冒险运动，冒险者借助一种叫作"滑翔翼"的飞行器在高空中做无动力（或者有限机器动力）飞翔，就像跳伞一样惊险刺激。

滑翔翼主要是靠上升气流来实现飞翔的。

在自然界中，除了有水平方向的风之外，还存在从地面吹往天空、竖直方向的风。这是一种上升气流，滑翔翼如果遇到这种上升气流，就会借助其上升的力量与它一起上升。

滑翔翼飞翔的基本规则就是寻找上升气流，并飞到里面去。上升气流的形成有多种因素，最常见的是山脊气流和热气流。当水平方向的风吹到障碍物(主要是山脊)上时，风被迫冲往上方，这便形成了山脊气流。当某处地表(如水面)被太阳晒热，并将热量传导给附近的空气时，热空气上升，此时热气流便形成。无论是山脊气流还是热气流，它们都是上升气流的最佳载体，同时也是滑翔翼的最佳动力源，在这些自然动力源的推动之下，滑翔翼很容易就飞上了天空。

当滑翔翼飞起来之后，飞行员是通过移动对翼体的重心位置来实现控制的。飞行员通过一条吊带悬挂在滑翔翼的下方，带动这条吊带的末端朝前、后、左、右四个方向移动，滑翔翼的重心便得到改变。这样，滑翔翼就会按飞行员的想法前后俯仰或左右倾斜，并通过这些动作来控制滑翔翼的飞行速度和飞行方向。

滑翔伞有张"动力"伞

除了滑翔翼，还有一种与之相似的飞行器，它也主要依靠空气动力来飞翔——它就是滑翔伞。

滑翔翼有一个刚性框架，能保持翼体的三角形形状，所以滑翔翼通常又称为三角翼。而滑翔伞则没有刚性三角框架，它有的是一个能充纳空气的翼型伞衣，这种翼型伞衣在充纳空气后会形成梭形、椭圆形、橄榄形的形状，就像降落伞。所以从直观上来说，滑翔伞更像降落伞的"家族"，而不是滑翔翼的"近亲"。不过与降落伞只有下降阻力、没有升力不同的是，滑翔伞有强劲的升力。

滑翔伞本身没有任何动力，它之所以能够飞翔，全拜那让它看起来像降落伞的翼型伞衣所赐。这是一种由坚韧材料制成的软性容器，它主要由上翼面、下翼面及侧面的翼肋构成。上下翼面与翼肋缝合，形成特定的伞翼形状。伞衣前缘按照翼肋的横向排列，构成一定尺寸的进气口。由于伞衣后缘是完全封闭的，所以上下翼面与各翼肋之间便形成了一个个能储存空气的气室。在没有充满空气之前，滑翔伞没有实质的棱角，一旦内层气囊充满空气，滑翔伞的前沿就会出现棱角。这样，滑翔伞在起飞时，伞衣独特的造型就将对周围的空气产生作用，而空气又反过来作用于滑翔伞，产生动力，最终让滑翔伞实现了飞翔。

具体的原理仍然是伯努利原理：尽管不同的滑翔伞因翼型不同而产生的升力不同，但它们都有一个共同的特点，那就是伞衣的上层比下层长，当空气因伞衣的棱角而由前缘分成上下两部分时，流经上层的空气流速加快，压力减小；流经下层的空气流速变慢，压力增大。压力大的一边会向压力小的一边推挤，从而产生浮力。正是这种浮力使得滑翔伞能够升起。

滑翔伞是利用两条操纵绳来控制飞行方向和状态的，一般是拉左手便左转，拉右手便右转，拉双手便减速。

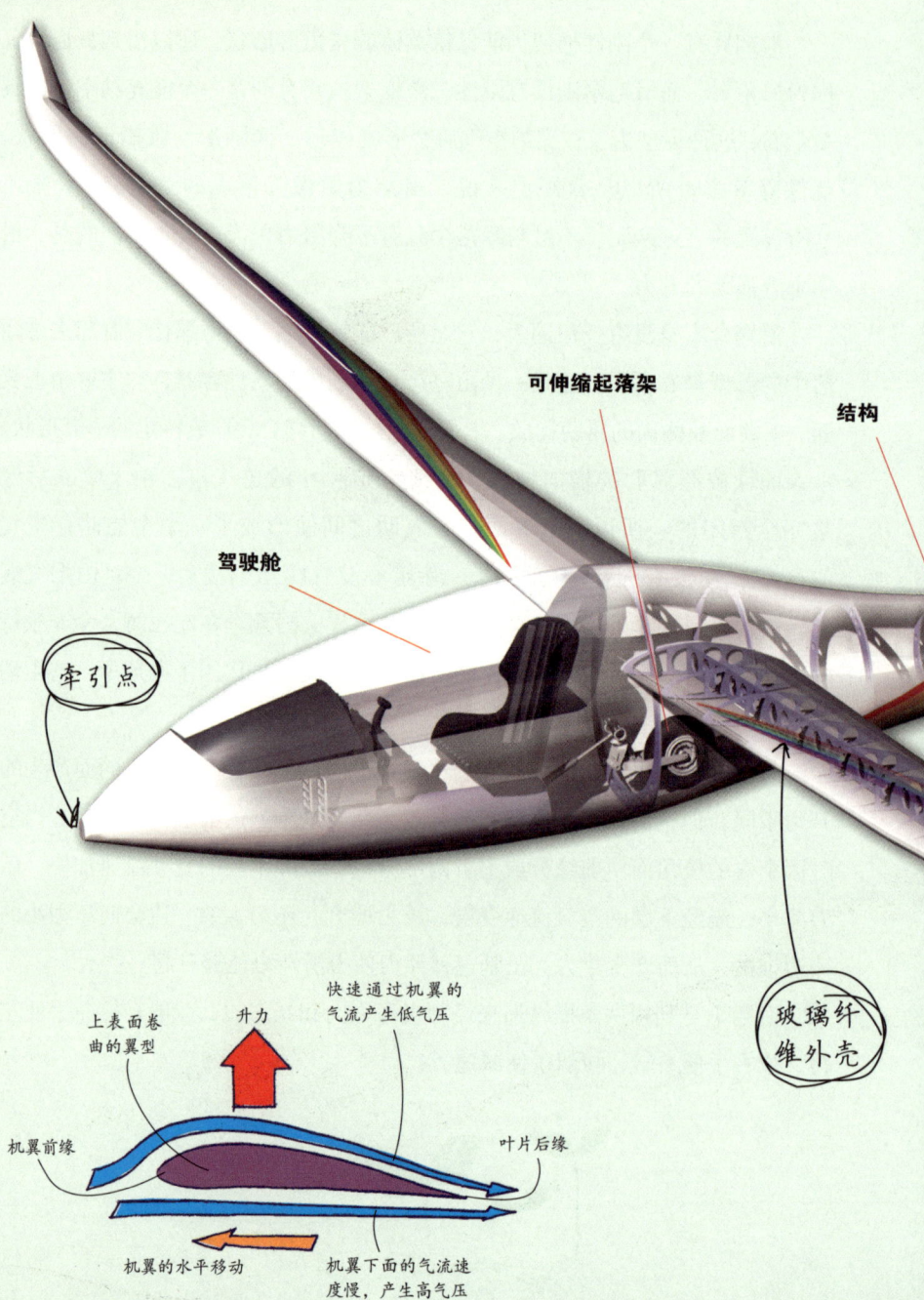

超能的力

CHAONENG DE LI
AISHANG KEXUE YIDING YAO ZHIDAO DE KEPU JINGDIAN
一定要知道的科普经典

可伸缩起落架

结构

驾驶舱

牵引点

玻璃纤维外壳

升力

上表面卷曲的翼型

快速通过机翼的气流产生低气压

机翼前缘

叶片后缘

机翼的水平移动

机翼下面的气流速度慢，产生高气压

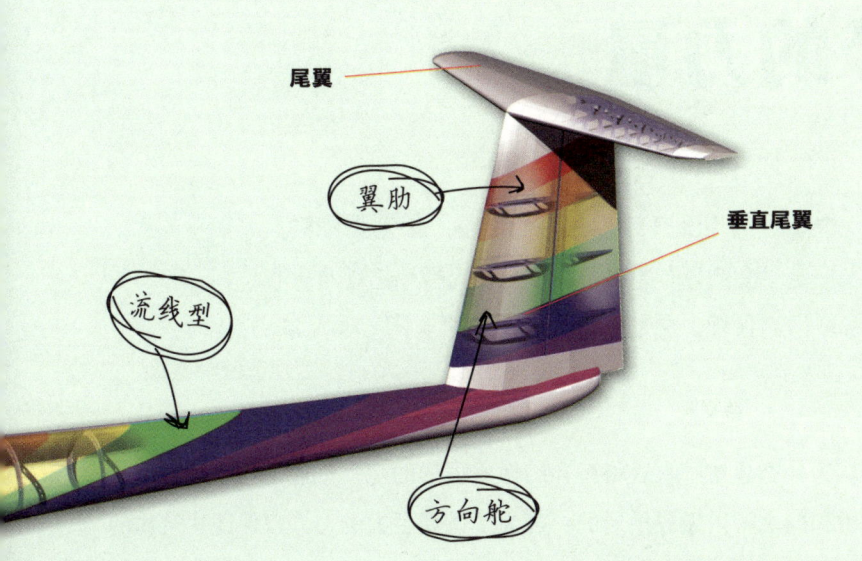

AISHANG KEXUE YIDING YAO
ZHIDAO DE KEPU JINGDIAN
超能的力
一定要知道的科普经典

爱上科学

尾翼

翼肋

垂直尾翼

流线型

方向舵

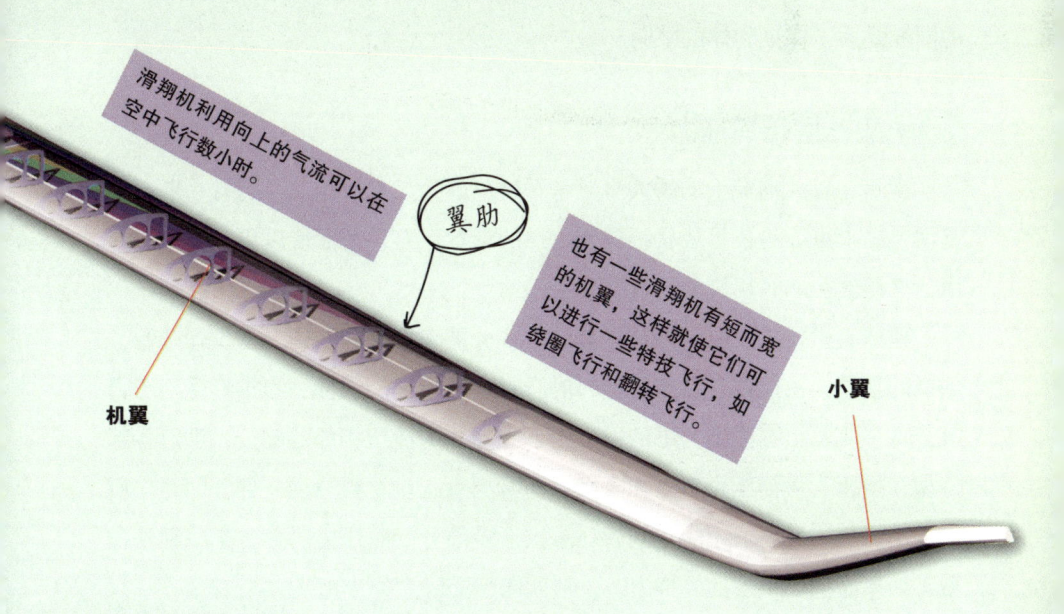

滑翔机利用向上的气流可以在空中飞行数小时。

翼肋

也有一些滑翔机有短而宽的机翼,这样就使它们可以进行一些特技飞行,如绕圈飞行和翻转飞行。

机翼

小翼

103

拱 的力量

> 数不尽的河上横跨着数不尽的桥，细看那些桥，它们中许多不是平直的，而是拱形的；无数的楼宇中建有无数的门，细看那门的顶端，它们中许多也不是平直的，而是拱形的。

奇怪！为什么建筑师喜欢将桥和门做成拱形的呢？难道是为了好看吗？不是的。桥和门之所以做成拱形的，是为了承受更大的力，以保证建筑物的坚固。不仅桥和门，日常生活中许多其他物体也做成拱形或近似拱形的，目的同样是为了保证物体的坚固。

一层一层传递压力

横跨在较大河流上的桥大多数是石桥，因为与木桥相比，石材一来比较坚固，二来更容易依靠块状结构砌成拱的形状。石拱桥之所以更坚固、更耐用，奥秘就在那一块块的石料中。

建造石拱桥的时候，石料是被一块块分层级堆砌起来的，从拱脚开始，到拱的顶端，每一块石料都与相邻的石料紧密相连。这样，当拱形受到压力时，每一块石料都能把向下的压力向下和向外传递给相邻的部分，拱形各部分相互挤压，从而结合得更加紧密；同时因每一块石料只受一部分的力，所以也确保每一块石料不会受到破坏。拱形各部分受到压力时会产生一种外推力，如果能抵住拱形的外推力，拱形就能承受巨大的压力了。

石拱桥的坚固程度让人吃惊。以我国著名的赵州桥为例，它始建于公元605年，属单拱桥，拱长达37.4米，在当时可算是世界上最长的石拱；在1400多年的历史中，这座单拱的石桥经受了8次大地震、无数的洪水以及无法统计的车辆重压，但至今仍然巍然不倒，被美国土木工程师学会称为"第十二个国际历史土木工程的里程碑"。

拱心石常是楔形的

无论是拱桥还是拱门，其拱形结构的核心部位都是顶端处的中心石块，这个中心石块称为拱心石。每一个拱形结构都必须找坚固的石材作为拱心石，这是必不可少的。此外，如果你足够细心，你会发现拱心石的形状通常是上宽下细的楔形，而不是四四方方的正方形或长方形。这是什么缘故呢？

原来，拱心石采用楔形的石料是为了更好地分解力。众所周知，拱形结构的顶端中心通常是受力最大、也是最频繁的（像拱门上受到的向下压力就几乎作用在顶端中心处），如果用楔形的石料作为顶端中心处的拱心石，那么当拱心石受到向下的压力时，它能很好地将压力分解给两旁的石料；如果拱心石采用四四方方的正方形或长方形，那么很显然，它不能向两旁分解向下的压力，压力会直接朝下作用，这样拱形结构很容易就被压塌。

拱心石受力后把力分向两边，一直传到地面，由地面的拱脚承受全部的压力。对面的拱脚对上部的石料又会有一个反作用力，反作用力传递上去，直向拱心石汇聚。由于汇集到拱心石的力大小相等，互成角度，且分解后的力被减弱，所以拱形结构越压越稳定。

电灯泡坚固的奥妙

拱形结构不仅存在于桥、门等建筑物中，在生活中的其他事物中也能见到它的"身影"。抬头看看天花板吧，那光滑的、明亮的电灯泡看来像非常脆弱的，但它实际的抗压能力大得会让你大吃一惊——电灯泡中许多是真空的，它受到外界大气的强大压力，据测算，这个压力相当于一个重75千克

的人的压力，而真空灯泡甚至能经受住 2.5 倍这么大的压力！

为什么电灯泡具有这么强的抗压能力呢？除了跟电灯泡的制造材料有关外，最重要的原因就是它的拱形结构。日常生活经验告诉我们，两个半球形可以组合成一个球形，而球形其实可以看成若干个拱形的组合。球形各个方向上都是拱形的，因而球形的任何一个地方受力，力都可以向四周均匀地分散，所以球形比任何形状都更坚固。电灯泡是近似的圆形，所以它的结构很坚固。

同样的道理，皮球、鸡蛋也很坚固，因为它们都是拱形的。拱形是最坚固的结构。

安全帽为何是半球形的

拱形结构对我们的意义可不寻常，有时它还能充当我们生命安全的保护者呢！比如说安全帽。

安全帽是生产作业中保护人们头部安全的一种帽子，它由帽壳、帽衬、下颏带及其他附件组成。帽壳呈半球形，坚固、光滑并有一定弹性，当物体从高空落下、撞击到头部时，撞击力主要就由帽壳承受。帽壳和帽衬之间留有一定空间，可缓冲、分散瞬时撞击力，从而避免或减轻对头部的直接伤害。下颏带是系在下巴上、起固定作用的带子。

安全帽之所以能有效地保护头部，就在于它采用拱形的半球状凸曲面。据研究，凸曲面是能经受外界撞击力的最佳形状，这是因为凸曲面能将受到的外加撞击力沿着凸曲面迅速分开，并且每一处的受力比较均匀，这就让凸曲面拥有很大的刚度。

具体来说：当作业人员头部受到坠落物的冲击时，利用安全帽帽壳、帽衬在瞬间先将冲击力分解到头盖骨的整个面积上，然后利用安全帽的各个部件——帽壳、帽衬的结构、材料和所设置的缓冲结构（插口、拴绳、缝线、缓冲垫）的弹性变形、塑性变形和允许的结构破坏将大部分冲击力吸收，使最后作用到人员头部的冲击力降低到较小值，从而起到保护作业人员头部的作用。

有用的"工"字型

你仔细观察过火车的铁轨吗？那长长的铁轨架在枕木上，总是一边一条，两条条轨始终平行，永不相交。剥开铁轨的截面，你会觉得它就像汉字的"工"字。

火车铁轨为什么采用"工"字型呢？它有什么特别的意义吗？其实在力学上，不同用途的受力材料采用不同的形状，通常都有其特定的意义，这个特定意义通常与省力、保护材料有关。铁轨做成"工"字型是为省力、保护材料，机械上常见的"工"字型连杆同样是如此。

"工"字型的铁轨

俗话说：好钢要用在刀刃上。因为刀刃的部分经常磨损，如果钢不够坚韧，用不了多久刀刃就会断裂或者变钝。所以人们总是把最坚固耐用的材料用在最关键的地方，这样既不会妨碍工具发挥作用，又可以节省资源。采用"工"字型的铁轨，就是在工艺上将"好钢用在了刀刃上"，因为"工"字型是最适合铁轨的。

众所周知，现代的火车常常要运输大量的旅客和货物，因此火车的载重量非常大。要承受火车巨大的压力，铁轨端面的设计就很重要。首先，为了适应荷重的需要，铁轨的顶面要有一定的宽度和厚度；其次，为了提高铁轨在路面上的稳定性，铁轨的底部也要有一定的宽度；最后，为了适应带有轮

缘（轮缘是火车车轮上一圈高出外圈的部分）的车轮，火车铁轨还要有一定的高度。"工"字型的铁轨正好满足这三方面的要求，所以，铁路工程师们便采用"工"字形状来铺设铁轨。

另外，从材料力学的观点来看，这种"工"字形状的铁轨强度最好，能充分合理地利用钢材，因此"工"字型的钢轨断面，便成为最好的应用设计。

"工"字型的铁轨在全世界铁路上已经使用了100多年，在这100多年中，除了适应机车载重量的增大和车速提高而增大铁轨的断面和改进各部分细节的设计之外，铁轨整体的"工"字形状几乎没有任何改变。

"工"字型的连杆

坐在汽车上，或许我们丝毫不清楚为什么汽车会前进，只觉得可能是轮子带动了车身前进。其实，推动汽车前进的真正动力来自发动机，而发动机的基本构造由汽缸、活塞、曲轴和连杆组成，其基本原理是：汽缸内生成高压的膨胀气体，膨胀气体推动活塞运动，活塞又通过连杆带动曲轴旋转，曲轴再带动外围的车轮旋转。

科学小常识

应用更广泛的"H"型

除了"工"字型的材料，工程上还有一种应用更广泛的"H"型钢材。它是一种截面面积分配更加优化、强重比更加合理的高效力学型材，因其断面与英文字母"H"相同而得名。由于"H"型钢的各个部位均以直角排布，因此抗弯能力更强，施工也更简单，目前已被广泛应用在大型厂房、桥梁、船舶、起重运输机械等建造物中。

发动机的连杆是一种"工"字型构件，其结构较复杂，通常分为连杆杆身和连杆盖两个部分。因为连杆要受膨胀气体交变压力和惯性力的作用，因而连杆除应具有足够的强度和刚度外，还应尽量减小连杆自身的质量，以减小惯性力的作用。所以连杆杆身一般都采用"工"字型截面形状，并且从大头到小头逐步变小。

水滴中的学问

一场突如其来的大雨急坏了放学着急回家的陈林，眼见天快黑了，没带雨伞的他竟然从书包里翻出一张报纸，用报纸遮着头就往家里跑。结果没跑一半报纸就烂了，而陈林也被淋成了一个落汤鸡。

下雨天，外出的人们不是打雨伞，就是穿雨衣，没有谁会像陈林一样用报纸来遮挡雨水的。因为众所周知，雨伞或雨衣不透水，而报纸却很容易因浸水而烂透。可是为什么报纸透水而雨伞或雨衣不透水呢？原来，它们背后有一种分子力在起作用。

雨衣为何不透水

雨伞或雨衣之所以不透水，奥妙就在于它们的制作材料上。就拿布制的雨衣来说吧，它是用一种经过防水剂处理的防雨布制成的。防水剂是一种含有铝盐的石蜡乳化浆。石蜡乳化以后，变成细小的粒子，均匀地分布在防雨布的纤维上。石蜡和水是合不来的，水一碰到石蜡，就会形成椭圆形的水珠，在石蜡上面滚来滚去。可见，是石蜡起了防雨的作用，而不是布料本身。

物理学上，人们把像雨衣一样的不透水现象叫作"不浸润现象"，而与它相对的则是"浸润现象"。像报纸透水，它就是一种"浸润现象"，因为报纸上没有像石蜡一样的排水物质，所以水一遇到它就会通过纤维间的毛细管渗透进去；同样，要是普通布料没有涂上石蜡，一样会透水。

造成"浸润现象"或"不浸润现象"的原动力其实是分子力。分子力存在于各个分子之间，其中同一种物质分子间的相互作用力，人们称之为"内聚力"，不同物质分子间的相互作用力，人们称之为"附着力"。科学研究表明，当内聚力小于附着力时，就会产生"浸润现象"；反之，当内聚力大于附着力时，则会出现"不浸润现象"。雨衣或雨伞不透水，正是由于水的内聚力大于水对雨衣的附着力的缘故。

水面有层"橡皮膜"

来做一个有趣的实验：在一个空瓶内装满水，然后用一张扎有许多小孔（孔像大头针那么小）的纸片盖住瓶口；用手压着纸片，将瓶子倒转过来，使瓶口朝下，然后把手轻轻移开；这时你会惊奇地发现：纸片竟然纹丝不动地盖住瓶口，而且水也没从小孔中流出来！

这是怎么回事？为什么纸片能托住瓶子中的水？为什么纸片中有小孔，而水却不会从小孔中流出来呢？原来，由于瓶子中的水是满的，所以当纸片盖住瓶口的时候，瓶子中因为没有空隙而没有空气（或者说空气很少），气压很小；而瓶口外却充满空气，气压很大。在较大瓶外大气压的作用之下，瓶内的水通过纸片被托举起来。至于水没有从纸片小孔中流出来，那是因为水的内聚力发挥了作用。

物理学家告诉我们，水的内聚力作用在水的表面上时，能形成一种表面张力。这种表面张力就像充满弹性的橡皮膜一样，约束着在水的表面活动的分子——水分子想跑出表面，而"橡皮膜"却紧紧地拉住它。因此，表面张力使得水的表面也像一层充满弹性的橡皮膜，当水和其他物体接触时，只要这层弹性膜是完好的，它就可以把水紧紧地包裹着。纸片的小孔因足够小，所以其中的"橡皮膜"能够保持完好，于是水便不会从小孔中流出来。同样的道理，假如我们巧妙地把水倒进浸过蜡的金属筛子里，水也不会从筛眼里漏下来，因为水对筛子的不浸润使得筛眼中的"橡皮膜"保持完好，所以水

不会从筛眼里漏下来。

水珠又圆又灵动

雨滴落到雨伞上的时候总是圆圆的，如果雨滴足够大、而雨又下得不连续的话，人们还能清楚看到圆圆的雨滴从伞中滚落下来时的情景呢！类似的情景还发生在荷叶上——在荷叶上，水滴就像圆圆的珠子一样，灵动地从一端滚到另一端。

水滴之所以在雨伞或荷叶上是圆的，且灵动的，就是因为雨伞或荷叶表面有一层蜡质，它们于水是不浸润的；当水与蜡质接触时，水的内聚力大于附着力，此时蜡质就会像遇到敌人一样，"憎恶"地将水滴推开。另外，由于表面张力的存在，水滴在体积一定的情况下会趋向于表面积最小的状态，而球面的表面积最小，因而水滴分子总是尽量靠拢，使自己呈现圆圆的球状。当然，由于有重力，这个球状通常是扁圆形的。

除了荷叶之外，自然界中还有许多表面存在"憎"水蜡质的植物，像植物中的甘蓝、白花菜等，所以水滴在它们的叶片上同样是圆圆的，并且灵动异常。

"憎"水的玻璃

蜡质的"憎"水性质在自然界中造就了许多美妙的景观，可是你知道吗？这种奇特的性质还能被用在方便人们生活的创造上呢！

在日常生活中，人们用到的玻璃通常都是光滑晶亮的，这样的玻璃很美观，却有一点不好：水遇上它，就像遇到久别的恋人一样，紧紧依偎不离，因此会给日常生活带来一系列麻烦。如下雨的时候，车前窗玻璃上的雨水挡住了司机的视线，很不安全，为了除去水滴，司机只好开动扫来扫去的划水器；戴眼镜的人，在喝热水的时候，镜片上立刻就会蒙上一层雾汽，这雾汽挡住了视线，让人难受。

人们在知道了蜡质的"憎"水特性，并且了解水的内聚力与附着力的关系之后，不仅巧妙地制造出了雨伞和雨衣，而且制造出了新颖的"憎"水玻璃——在普通玻璃上涂一层硅有机化合物药膜，使其具有蜡质的"憎"水特性。"憎"水玻璃能够大大削弱水滴或雾汽对玻璃的附着力，使水滴或雾汽因内聚力大于附着力而被玻璃排斥，因而用这种玻璃做镜片或车前窗时，戴眼镜的人不会再有雾汽遮眼的苦恼，司机也不用再启动那碍眼的划水器，非常便利！

美妙的喷泉

夜幕降临，城市广场的喷泉开始了表演。那一道道激荡的水流喷上天空，而后又像天女散花一样落回地面，其间还伴随着动听的音乐，真是美妙极了！

喷泉，作为一种水流景观，无论在城市还是在乡村，都能见到它的身影。喷泉可分为自然喷泉和机械喷泉两种，无论是自然喷泉还是机械喷泉，它们都需要借助动力将水从低处喷往高处。自然喷泉的动力多来自水的自然落差，而机械喷泉则主要来自水泵。

压力差促成水喷

众所周知，水都是从高处流向低处的，而喷泉的水却可以从低处喷向高处。这就是因为水受到了一股外加的动力，这股动力压迫它向高处喷发。那么，这股动力是如何产生的呢？

还是让我们用一个小实验来说明吧：准备一根橡胶管、大头针、漏斗和胶带。先把漏斗的细长部分接在橡胶管的一头，作为管头；像胶管的另一头用胶带紧紧封住，作为管尾。然后将管尾向上举高，高过管头的漏斗，同时用大头针在管尾的胶带上扎一个小孔。做完这些后，开始往漏斗里倒水，让水充满整个橡胶管；然后缓缓移动漏斗，使其逐渐升高；当漏斗高到一定程度的时候，一股水流就从管尾胶带的小孔里喷出来了，漏斗升得越高，水喷

得也越高。

这就是一个简易的喷泉模型！它利用水的压力差，将低处的水压向了高空——漏斗升高时，漏斗的水面与胶带口的水面因存在落差而产生了一个压力差，这个压力差会向下挤压管子内的水，以达到重新平衡，这样，水便从管子中喷出来。

自然喷泉大多以这种原理实现喷水，像北京圆明园的一些喷泉，当年的工匠们从高处建的蓄水缸中引出喷泉口，当水缸中装满水后，由于水缸处的水位比喷泉口处要高，压强要大，所以水在压力差的作用下最终会被喷发出来。

至于机械喷泉，虽然压水方法要稍复杂一些（需要借助水泵），但基本原理还是一样的，都是利用压力差。

为什么喷泉水珠会游动

喷泉喷往高处的水，通常是四面散开后再落回地面水池的。可你注意到了吗，从高处落下的小水珠有时并不是立即就溶于水池的水中的，它们通常要保持球形或椭圆的形状漂浮在水面几秒钟，甚至更长时间；在飘浮的过程中，还到处游动，就像在水面滑行的水蝇。这是什么原因呢？

其实，这里面包含分子力的知识。研究表明，水珠刚刚到达水面时，会在水珠的下方截留一个厚约 10～1000 纳米的空气层，这个空气层在水珠压力的作用下，其内部会形成一个波纹的区域，就如同水珠引起水面的波纹一样。空气层内的空气分子就在环绕波纹区域的一个狭窄间隙中活动——它们总是力图冲破狭窄间隙，逸出空气层外。

水珠的寿命就取决于空气分子从空气层逸出去的快慢。当空气层薄到 50 纳米以下时，就会被水珠压裂，空气分子逸出去，此时水珠不是并入水面内，就是重新形成较小的水滴，不会出现上面以球形或椭圆的形态飘浮在水面的情形。

影响空气分子逸出快慢的因素有以下几个：水面可能存在的不平衡的表

面张力，水面与水珠表面的黏度，以及截留在水珠下的空气黏度。当空气逸出时，它试图把水面的表层一块儿拖走。如果水面的黏度高，水与空气的流动就要受到阻碍，水珠就要保持较长时间。如果用黏度较大的气体，如二氧化碳，或黏性液体代替空气，则它逸出的速率降低，水珠寿命同样能延长。喷泉中之所以出现上面的情景，主要就是因为水面黏度高，水与空气的流动受阻碍，因而水珠要保持较长时间。

奇怪的间歇泉

自然界中有一种奇特的喷泉，它喷发的时候是不连续的，有时候隔几分钟喷一次，有时候又隔几十分钟甚至更长时间喷一次。这种喷泉叫作间歇泉。

为什么间歇泉会喷喷停停呢？科学家经过考察研究后指出，充足的地下水源和适宜的地质结构是形成间歇泉的最根本因素；此外，间歇泉间歇喷出还需要一些特殊的条件：第一是必须有热源。间歇泉多发生于多火山的地方，火山活动比较活跃，炽热的岩浆可以使其周围水层的温度升高，甚至汽化。第二是要有一条连接泉水的通道。在通道下部，地下水被炽热的岩浆烤热，产生向上的压力，但是在高压水柱的压力下又不能自由翻滚沸腾。由于通道是岩石之间的裂缝，地下水与泉水不可能随意地上下对流。这样，通道下面的水在不断地加热中积蓄能量，当能量达到足够冲破高压水柱的压力时，通道中的水就被地下高压、高温的蒸汽和热水顶出地表，形成高大的水柱。喷发后，能量降低，水温下降，喷发因而暂停，等再一次积蓄能量后，再开始一次新的喷发。如此周而复始。

喷泉也能够"唱歌"

有时候，我们能看到一些彩色的喷泉，这喷泉还会奏出动听的音乐。其实，这就是人们常说的音乐喷泉。

音乐喷泉通常是音乐与彩色相结合的（当然也有单纯的彩色喷泉和单纯的音乐喷泉），它通过给造型多变的喷泉植入音乐，结合五颜六色的彩光照明，给人以视觉和听觉上的冲击。一座好的音乐喷泉，水形的变化应该能够充分地表现乐曲，就像音乐家的乐谱一样。

音乐喷泉的彩色可以通过在水中加入一些彩色溶剂来实现，而音乐则是在整个喷泉控制系统中加入计算机音乐控制系统。计算机通过对音频等信号的识别，进行译码和编码，最终将信号输出到控制系统，使喷泉的造型及灯光的变化与音乐节奏保持一致。

水中加入颜料

自行车上学问多

> 孙大爷骑旧自行车上街，没注意到前方拐角处一辆汽车正驶来。等听到汽车鸣笛时，孙大爷才紧急刹车。只听"嗞"的一声，自行车载着孙大爷继续往前行驶一小段路后才停下来。

真惊险，幸亏及时刹住了车，要不然可能就出交通事故了！类似这样的情形在我们的生活中随时可见，因为自行车实在太普遍了，它几乎遍布每一条马路。自行车上包含着诸多的力学知识，它的每一个环节几乎都有力的参与。

脚驱动的只是后轮

人们用脚力蹬脚踏板，跟脚踏板连在一块儿的自行车链条便带动自行车双轮动起来。于是人们往往认为：是脚踩得自行车双轮同时向前行进。其实不是的，脚驱动的只是自行车的后轮，前轮的滚动是被后轮带动起来的。

众所周知，当自行车行驶在路上时，由于人和自行车对地面有压力，轮胎和地面之间不光滑，因此自行车的车轮与路面之间存在摩擦。当自行车启动的时候，在链条的驱动下，后轮逆时针转动，轮胎与地面接触处相对于地面有向后运动的趋势，故而地面对后轮施加向前的摩擦力，该摩擦力就是自行车向前运动的动力。前轮原来的状态是静止的，但在此动力的作用下，因自行车整体具有向前运动的趋势，因而前轮相对地面也具有向前运动的趋势，则此时地面对前轮产生一个向后的摩擦力。由于后轮受到的向前摩擦力大于前轮受到的向后摩擦力，所以自行车最终便向前动起来。

由此可见，自行车前轮非但不是驱动自行车前行的因素，反而还拖后轮的"后腿"，它是一种阻力轮，也叫从动轮；而后轮则是一种动力轮，也叫主动轮。

不过，尽管前轮是从动轮，要靠后轮的带动才能前行，但它还是必不可少的。因为两个轮子的自行车才是稳定的，光有一个后轮是不能保证自行车平稳的。

摩擦力使自行车停下来

为什么孙大爷能避免交通事故呢？因为他紧急刹车使自行车停下来。那么，为什么刹车以后自行车能够停下来呢？这是因为刹车时，刹车线带动车闸与轮胎紧紧粘靠，由此产生摩擦力。摩擦力会阻碍车轮的转动，这个阻碍效果与手捏刹车柄的力度有关，捏刹车柄越用力，车闸对轮胎的压力就越大，产生的摩擦力也就越大，轮胎转动得也就越慢。

如果骑车太快，紧急刹车时，轮胎受到摩擦力的阻碍停止了运动，但由于惯性，自行车还会继续向前运动。这时轮胎与地面之间的摩擦力就由原来的滚动摩擦变为滑动摩擦，滑动摩擦力要大于滚动摩擦力，所以对自行车的阻碍更强烈。这也是孙大爷紧急刹车后自行车仍会前进一段距离，同时发出"嗞"的声响的原因。

显而易见，摩擦力对自行车的制动起到非常重要的作用，它对轮胎的阻碍强弱不仅取决于人手捏刹车柄的力度大小，还取决于轮胎接触面的粗糙程度。新、旧两辆自行车，在相同的速度下，用近似相同的力捏刹车柄，新车制动快，旧车制动慢，原因就是旧车的车闸和车胎磨得比较光滑，产生的摩擦力较小。

超能的力 | CHAONENG DE LI
AISHANG KEXUE YIDING YAO
ZHIDAO DE KEPU JINGDIAN
一定要知道的科普经典

山地自行车

后拨链器：一种被称为变速器的装置，使链条从一个链轮转换到另一个链轮，从而达到换档的目的。

悬架弹簧：弹簧属于减震器。当后轮在颠簸的路面骑行时，自行车的车架会向上翘起，并挤压一个大的弹簧，从而达到减震的目的。

后链轮

变速线

链条

前链轮

脚踏板：这些脚踏板使前链轮（其齿牙紧扣在链条上）与链条上的缺口连接起来，这就提供了一种防滑的方法去转动后链轮。

120

AISHANG KEXUE YIDING YAO
ZHIDAO DE KEPU JINGDIAN

超能的力 | 爱上科学

一定要知道的科普经典

变速器：即刹车，车把上利用拇指进行控制的控制杆，通过变速线与变速器连接起来。在通常情况下，左边的变速杆控制前面的变速器，而右边的变速杆控制后面的变速器。山地自行车有很多变速档，最多的可以达到30档。

变速线

刹车线

制动垫片

外胎

车架的下舌

刹车盘片：巨大的金属圆盘为制动垫片发挥作用提供了大片的区域。金属圆盘上有很多的洞，这些洞使金属圆盘能够尽快地冷却下来，从而避免它因为猛烈地刹车而过热。

别让前轮先着地

自行车的刹车柄带有前后两个闸，其中前闸负责制动前轮，后闸负责制动后轮。假如在下坡或高速行驶时，只捏动前闸，你知道会发生什么情况吗？

情况不太妙，你可能出现翻车事故！这是因为快速行驶的自行车，如果突然把前轮刹住，前轮受到阻力突然停止运动，但车上的人和后轮并没有受到阻力，由于惯性，人和后轮要保持继续向前的运动状态，所以后轮会跳起来。假如刹车的力度足够猛，且骑自行车的人身体很轻，那么这时他就可能被跳起的后轮翻倒在地上！所以切记：千万不能单独紧急使用前闸刹车哦！

同样的道理，在一些摩托车飞跃障碍的表演中，人们经常看到表演者总是先让摩托车的后轮着地，然后才让前轮着地。这是因为如果前轮先着地，摩托车由于惯性继续向前运动，就会产生以前轮为转动点使摩托车顺时针转动的效果，从而造成翻车事故；如果后轮先着地，就会产生以后轮为转动点使摩托车顺时针转动的效果，这样前轮也很快着地，从而避免了翻车事故的发生。

轮胎中的秘密

一辆轮胎鼓鼓的自行车比一辆轮胎瘪瘪的自行车，骑起来要轻松得多，这是因为鼓鼓的轮胎在接触地面时，形变较小，接触面积较小，摩擦阻力也相对较小；而瘪瘪的轮胎在接触地面时，形变较大，接触面积较大，摩擦阻力也相对较大。

所以，为了更轻松地骑自行车，人们通常都将自行车轮胎打满气。打气的时候，一件小玩意儿发挥着至关重要的作用，它充分利用大气压力，确保轮胎能胀得鼓鼓的。这件小玩意儿就是气门芯。

气门芯的设计非常巧妙，它的主体是一小段上端中空、下端实心的柱体；在下端的侧面开一个小孔与中空部分相联通，下面套上一段有弹性的细橡胶管，如此便构成了轮胎与打气筒之间的"连接器"。这个"连接器"其实是一个单向阀门，当给自行车轮胎打气的时候，气筒中的压缩空气由中空部分进入气门芯，借助压力把有弹性的橡胶管"顶"起，空气进入车胎；当不打气时，弹性橡胶管又被已注入轮胎内的空气压紧，盖住侧面的小孔，使空气不能从车胎中回流出来，确保轮胎被充满。

科学小常识
自行车上的"减震器"

自行车的三脚架、鞍座、车头和前后轮胎装有"减震器"，其中三脚架、鞍座、车头运用弹簧减震，车身则靠轮胎减震。装上"减震器"后，自行车震动时，整个车身具有了形变性，使人落下时与车身接触的时间增长，受力变小，因而可以提高舒适性。此外，通过减震，还可减少自行车的磨损。

小小陀螺转不停

> 很多人小时候都玩过一种"转陀螺"比赛的游戏：手拿陀螺的柄，用力一旋，陀螺便在地面或者桌面上飞快地转起来，谁的转得久，谁就获得胜利。

陀螺是一种简单的玩具，几乎每一个人都会玩。可是陀螺里面蕴含的科学道理可不简单，它涉及到很多方面的知识，其中就有力学上的。

陀螺是个"恒力士"

相对于"大力士"，有时候人们也戏称陀螺为"恒力士"，因为它似乎有永恒的力量，永远不倒地转动下去。其实陀螺不会永远不倒地转下去，它持续的转动在本质上也与力无关。因为牛顿定律已经告诉我们：受到外力时，物体运动状态会发生改变；力不是维持物体运动状态的因素。

可是，毕竟陀螺能不倒地转动很长时间啊！是什么力量使它能做到这一点呢？

原来是惯性。陀螺上的每一个点，都在一个跟旋转轴垂直的平面里沿着一个圆周转动。按照惯性定律，每一个点随时都竭力想使自己沿着圆周的一条切线离开圆周。可是所有的切线都同圆周本身在同一个平面上。因此，每一个点在运动的时候，都竭力使自己始终留在跟旋转轴垂直的那个平面上。由此可见，在陀螺上所有跟旋转轴垂直的那些平面，也竭力在维持自己在空间的位置。这就是说，跟所有这些平面垂直的那旋转轴本身，也竭力在维持自己的方向。所以，在陀螺旋转的时候，旋转轴的方向不会发生改变，旋转面也会长时间地运转而不倒。

先反转，后停止

尽管陀螺会不倒地旋转很长时间，但到最后，它终究还是会倒下停下来。不知道你注意到了没有：陀螺到最后总是反转后才停下来。也就是说，假如按顺时针方向旋转陀螺，陀螺在停下来之前要先按逆时针转动；反过来，逆时针旋转则顺时针旋转后才停下来。这是什么道理呢？

原来，这个与地面的摩擦力有关。摩擦力不仅是陀螺最终停下来的原因，而且是它反转后才停下来的原因。因为陀螺在旋转的时候始终受到地面对它的摩擦力（还有空气的阻力），如果陀螺是以旋转轴为支点竖直旋转的，那么这个地面摩擦力只作用在旋转轴上，但是如果陀螺是略带倾斜地旋转，那么地面摩擦力可能同时作用在旋转轴和旋转面上（通常是圆锥形的面）。不管是单独作用在旋转轴上，还是同时作用在旋转轴和旋转面上，摩擦力的方向总是与陀螺的旋转方向相反的，所以，当陀螺最终在摩擦力的作用下停止

下来的时候，它要沿着与摩擦力相同的方向，也就是与旋转相反的方向旋转一下。

转不停与离心力

像陀螺一样旋转不停的现象，在力学上其实是一种较典型的现象，这类现象一般都与圆周运动有关。

作圆周运动的物体都要有一种向心力，而与它相对的则是另一种效果力——离心力。从力的平衡的角度来说，可以认为离心力使得陀螺不倒下——陀螺转动的时候，各个方向上都受到了离心力，这个离心力将陀螺往外带，但却又被陀螺向内的拉力（可作为向心力）紧紧拴住，于是陀螺处于一种动态平衡状态中，因此陀螺不会倒下。

由于平衡是一种状态，当一个物体所受各方向的力综合为零时，就说这个物体处于平衡状态。物体在很多情况下都能呈平衡状态，不仅仅在停止的时候，动的时候也能。有些平衡状态能持久，而有些只是短暂的现象。一般来说，静的平衡大多属于稳定平衡；动的平衡大多属于不稳定平衡，陀螺就是属于不稳定平衡。当陀螺旋转时，它能用尖端（旋转轴）暂时站立，保持平衡，直到旋转的力量转弱或消失，它才摇摇晃晃倒下来。

科学小常识

陀螺应用真不少

陀螺旋转不倒的稳定性在现代科技中有着广泛的应用。在现代轮船和飞机上装置的各种回转仪，像罗盘、稳定器等，都是根据陀螺原理制造出的。旋转的作用保证了炮弹和枪弹飞行的稳定性，也可以用来保证人造卫星、宇宙火箭等在真空中运动的稳定性。陀螺仪器不仅可以作为指示仪表，而更重要的是它可以作为自动控制系统中的一个敏感元件。

拔河只是比力气大吗

> 操场上，两班的同学正在举行拔河比赛。同学们个个奋勇使力，最后其中的一方获得了胜利。正当获胜方欢呼雀跃的时候，老师却走过来笑着对大家说：你们两班的力是一样大的！

明明是一方获得了胜利，为什么老师说两边的力一样大呢？这就涉及到"拔河比赛比的是什么"的问题。很多人会很自然地说：拔河比赛比的当然是哪一个队的力气大啊！然而，问题实际上并没有那么简单。

两边的力气一样大

拔河比赛中到底是胜方对绳子的拉力大，还是败方对绳子的拉力大呢？

牛顿第三定律告诉我们：当一个物体对另一个物体施加作用力时，另一个物体必然也同时给这一物体施加反作用力，作用力与反作用力大小相等，方向相反，并且在同一直线上。

假设有甲、乙两班同学进行拔河比赛，当甲班对乙班施加拉力时，乙班反过来也会对甲班施加一个反作用力。一边是甲对乙的力，乙是受力物体，甲是施力物体；另一边是乙对甲的力，甲是受力物体，乙是施力物体。无论是施力还是受力，它们始终都在同一条直线上，却大小相等、方向相反。也就是说，这一对相互作用的力与物体的运动状态是无关的，甲对乙施加多少牛顿的拉力，那么乙对甲也施加了相反的多少牛顿的拉力，两个拉力大小完全相等。

现在你明白老师说"两边的力一样大"的原因了吧？

比的是摩擦力

既然两个班的拉力一样大，那么为什么还是有一方胜利，另一方失败呢？

原来，拔河比赛的胜败除了与双方队员的拉力大小有关之外，还取决于以下两个方面：一个是绳子对队员的摩擦力，另一个是地面对队员的摩擦力，而这两个方面才是最主要的。

通过对拔河的两队进行受力分析就可以知道：只要所受的拉力小于与地面的最大静摩擦力，就不会被拉动。反过来说，乙队被拉动了是因为甲队对乙队的拉力大于乙队受到的摩擦力。所以，要想在拔河比赛中获得胜利，想办法增大摩擦力成为关键。这也是为什么人们在拔河比赛时都爱穿鞋底有凸

凹花纹的鞋子的原因，因为凹凸花纹的鞋子，其摩擦系数大，因而摩擦力也大。另外，经验丰富的教练在挑选拔河运动员时，总喜欢选膀宽腰圆、体重大的人，因为体重越重，对地面的压力越大，摩擦力也就越大。大人和小孩拔河时，大人很容易就获得胜利，关键就在于大人的体重比小孩大。

此外，拔河比赛的胜负在很大程度上还取决于人们的技巧。比如，用脚使劲蹬地，在短时间内可以对地面产生超过自己体重的压力（超重）。再比如，人向后仰，借助对方的拉力可以增大对地面的压力，等等。所有这些，其目的都是为了尽量增大地面对脚底的摩擦力，从而获得比赛胜利。

站在滑板上，大人拉不过小孩

"拔河比赛比的不是自己力有多大，而是比哪队的摩擦力大。"对于这一结论，或许你还不太能相信。那么好吧，有一个最有力的证据：

假如有一个大人和小孩进行拔河比赛，如果两个人是站在相同的地板上的，那么毫无疑问，力量大的大人将轻松获胜。但是如果让那个力量大的大人站在一个滑板上，而小孩仍然站在地板上，两人再进行拔河比赛。这一次的结果呢？

很神奇，力量小的小孩轻松战胜了力量大的大人！原因很简单：滚动摩擦力比滑动摩擦力要小得多。大人站在滑板上，受到的摩擦力就是滚动摩擦力，而站在地板上的小孩受到的摩擦力则是滑动摩擦力。滑动摩擦力要远远大于滚动摩擦力，所以大人几乎拉不动小孩，而小孩却能轻松地拉动大人。不要说只是一般的大人，这时候跟小孩比赛的就算一个大力士，那么他恐怕也不是小孩的对手！

所以，拔河比赛比的不是自己的力有多大，而是哪队的摩擦力大！

人多未必力量大

拔河比赛虽然比的是哪个队的摩擦力大，但拉力也是不容忽视的，因为拉力足够大了，才能够克服对方的摩擦力，从而将对方拉过来。

俗话说"人多力量大",拉力的大小除了跟每一个队员自身的力量有关外,还跟人的多少有关。一般来说,人越多,拉力越大。但这并不绝对,假如方法不当,人越多拉力未必越大,有时甚至还相反:人越多,拉力越小。因为力存在一个合成效果,假如每一个人的拉力方向都不同,那么合成后这些拉力可能相互抵消,到最后原本该朝一个方向的动力却成了阻力。

所以,为了使总拉力最大,所有的拉力都必须在同一方向上,且这个方向就是拉绳所在的直线方向。

鱼儿与潜水艇

一个"庞然大物"在海面下划波前行。是鲸鱼吗？不是。它长得有点像鲸鱼，但绝不是鲸鱼，因为它不是活的——它是潜水艇，人类制造的能像鲸鱼一样在水下潜行的航海器。

潜水艇是一种非常重要的现代军事舰艇，它能够潜入水下航行，并进行侦察和攻击。虽然潜水艇不是活的，但它能够像海洋里的活鱼一样巧妙利用自身重力和浮力，自由实现上浮和下沉。

潜艇靠增重减重实现沉浮

众所周知，任何物体在水中都会受到两个力的影响，一个是地球对物体的引力，亦即重力；另一个就是水的浮力。这两个力的方向正好是相反的。对于同一个物体来说，当水的浮力大于重力时，物体就会上浮；当浮力小于重力时，物体就会下沉；而当浮力等于重力时，物体就不上浮也不下沉，要么漂浮在水面，要么悬浮在水下。

潜水艇的艇体由两层壳体构成，在两层壳体之间的空隙里，有若干个水舱，每个水舱都可以进水、排水。潜水艇正是利用进水和排水来调节自身重力，从而实现上浮和下沉的。具体来说：潜水艇如果需要下沉的话，就需要打开水舱的进水阀门，让海水灌进来，这样便可以增大潜水艇的重力，当潜水艇所受重力超过水对它的浮力时，它就慢慢下沉。反之，如果潜水艇要上浮，只需用压力极大的压缩空气把水舱里的水压出去，以减轻自身的重力，当重力小于浮力时，潜水艇自然就缓缓上升了。

潜水艇的艇首和艇尾还设有平衡水舱，通过调整平衡水舱里的水量可以消除潜水艇在水下可能产生的纵向倾斜，从而使上浮和下沉保持平稳。

鱼儿沉浮的法宝是鱼鳔

鱼儿是水中的主人，它们比潜水艇更能自由地出没于大海中。那么鱼儿又是怎样做到上浮和下沉的呢？

鱼儿除了具有呈流线型的特殊体形，使其特别适宜水中运动之外，体内还有一只充满气体的鳔，正是这种鳔主要控制着鱼在水中的沉浮。

与潜水艇通过改变自身重力来实现浮沉不同，鱼是靠改变自身的体积来实现上浮和下潜的。鱼想下潜时，就把鱼鳔内的一部分气体排出体外，体积减小，密度增大；当密度大于水的密度时，鱼就潜入水下。当鱼想浮上水面时，就把鳃滤出的一部分气体放入鱼鳔内，此时鱼体积增大，密度减小；当鱼密度小于水密度时，鱼就会浮出水面。

鱼除了在头部浮出水面时通过一根很短的气道直接呼吸空气、充入鳔中之外，还可以凭借鳃瓣中丰富的红细胞来摄取溶解于水中的气体。此外，鱼尾部的运动和从嘴里吞进水后又由两侧鳃盖的隙缝把它喷射出去时所产生的反作用力，也是鱼在水内能够迅速浮沉的重要因素。

增加艇重是有条件的

潜水艇潜入水中后，如果要继续往下深潜，就要继续向水舱中充水以增大重力吗？

绝对不是的！如果这样做，潜水艇很可能会发生重大事故！因为往水舱中充水以实现下沉的做法是有条件的，它只适合于潜水艇在水面刚要开始下沉的时候。

根据二力平衡的知识可知，在潜水艇通过充水正好沉入水下的时候，潜水艇所受的向下重力正好等于向上的浮力，此时潜水艇悬浮在水下。潜水艇再往下的时候，其所受的浮力已经不变了，因为浮力等于排开水的重力，潜水艇在水下的时候，其排开水的重力始终保持不变——刚沉入水下的时候排开了多少水，继续下沉的时候还是排开多少水。所以在浮力保持不变的前提下，如果增大重力，二力平衡势必被打破，潜艇势必在重力的作用下往下沉。如果没有其他托举措施，潜水艇很可能就像巨石一样无可挽回地沉入海底。如果是在深海，潜水艇也许还未沉入海底就早已被巨大的海水压力压扁击穿了。

事实上，潜水艇潜入水中后，水舱中就已经充满了水，处于悬浮状态的潜水艇，其重力已经达极限，不可能再通过增加艇重的办法来继续下潜，只能依靠推进器来完成。往下深潜也好，往前潜行也罢，推进器只需克服水的阻力就行了。

科学小常识

潜水艇可不是在海底潜行

有些人认为潜水艇为了更好地隐蔽自己就要贴近海底潜行。实际上普通潜水艇的潜水深度不能超过300米，在沿海大陆架尚可贴近海底潜行，深海就不行了。因为潜水艇受到的海水压强是随深度的增加而增大的。在300米的深处，潜水艇所受的海水压强相当于30个标准大气压。再往深处，潜水艇就有可能被巨大的海水压力击穿。

爱上科学 CHAONENG DE LI 超能的力 AISHANG KEXUE YIDING YAO ZHIDAO DE KEPU JINGDIAN
一定要知道的科普经典

大部分潜艇只能潜到几百米的深度，如果潜到500米以下，就可能会被强大的水压压碎。但是，俄罗斯的"共青团员"号潜艇却能潜到1200米的深度。

潜望镜：潜望镜就是潜艇在潜入水中后，从潜艇指挥塔上伸出海面的望远镜，用来观察水面周围的情况。潜望镜的主要部件是一根长钢管桅杆，可升至指挥塔外5米高的位置。

弹道导弹

塔楼：鳍板、潜望塔或者指挥塔就是人们出入舱口、在水面上观察情况的地方。

1776年，美国人大卫·布希内尔建成单人操纵的木壳艇"海龟"号，可潜至水下6米，能在水下停留约30分钟。这是第一艘军用潜艇。

指挥舰桥

铺位

声呐球形导流罩

1958年，隶属于美国海军的"鹦鹉螺"号潜艇，开始了代号为"阳光行动"的北极之旅，最终成功地在厚厚的冰层下穿越了北极。

AISHANG KEXUE YIDING YAO
超能的力
ZHIDAO DE KEPU JINGDIAN
一定要知道的科普经典

爱上科学

核反应堆：核反应堆被安放在一个耐辐射的容器里，在很多潜艇中，它每12～15年才需要补充一次燃料。

涡轮机：核反应堆放出的热量能将水煮沸，产生很高的气压，迫使涡轮机的叶片旋转，从而带动螺旋桨转动。

螺旋桨：潜艇通常采用七叶大侧旋螺旋桨，因为七片桨叶是非对称的，不容易产生共振，噪音小。而且非对称的螺旋桨产生的气泡比较少。此外，多桨和大侧叶情况下相同推力所需的转速较小，可以降低噪音。

餐厅

船上厨房

水平升降舵：艇首和尾部各设有一对水平升降舵，用以操纵潜艇变换和保持所需要的潜航深度。艇尾的方向舵则能变换航向。

压载水舱：双壳潜艇艇体分内壳和外壳，内壳是钢制的耐压艇体，保证潜艇在水下活动时，能承受与深度相对应的静水压力；外壳是钢制的非耐压艇体，不承受海水压力。内壳与外壳之间是主压载水舱和燃油舱等。主压载水舱位于两层艇体壳之间，外层是防水艇体，内层则是抗压艇体，承受着深海处难以置信的高压。

一些潜艇能在水下停留六个多月，受限的并不是燃料、饮水或者氧气，而是工作人员的食物。

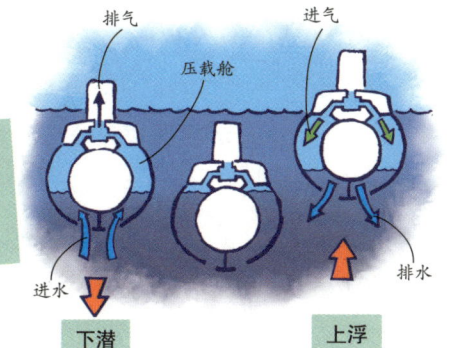

排气　　　进气
压载舱
进水　　　排水
下潜　　　上浮

135

坚韧的蜘蛛网

> 夏日的黄昏，一只小飞虫悠哉游哉地飞着，丝毫没注意到前方屋檐下一张蛛网正在等着它。最终悲剧发生了，可怜的小飞虫一头栽在蛛网里，成了蜘蛛丰盛的"晚餐"。

蜘蛛网是蜘蛛编织的捕食网，它通常悬挂在墙角、屋檐或者树枝下。蜘蛛网看起来像弱不禁风的，在风吹之下摇摇晃晃。不过你可别小看它，它坚固着呢，而且它背后更是隐藏着令你意想不到的强大力量。

是"拉"出来的，而不是"吐"出来的

蜘蛛网是怎样被编织出来的呢？人们曾经对照家蚕吐丝织茧，认为蜘蛛和家蚕一样，是靠嘴巴吐丝将网编织出来的。其实，无论是家蚕还是蜘蛛，它们织的网或茧都不是"吐"出来的，而是依靠拉力"拉"出来的。

现代科学的研究表明，包括蜘蛛在内的一些生物能分泌一种叫作"丝液"的液体，丝液在力的作用下能收缩拉伸，并形成一定的空间形状，这个现象叫作"牵引凝固"。丝液的主要成分是纤丝蛋白，纤丝蛋白的链状分子是线团状态。丝液是黏性液体，它的线团状分子呈圆球形，当对它慢慢拉伸时，圆球分子之间只有滑动，没有其他变化，所以整个液体只是流动。当快速拉伸时，各个分子还来不及流动就被伸开了。被拉开的纤丝蛋白链状分子有了新的排列，产生了变异，相互靠近的分子之间产生了很强的结合力。

这种纤丝蛋白分子之间的"结合力"虽然比原子之间的作用力弱，但是长链的各链节之间有很强的结合，所以形成了整体上很结实的丝线。

蜘蛛的腹部有一个丝囊，它有许多的小孔，丝液正是从这些小孔中喷出来的。喷出后，蜘蛛通过腹部末端的运动，对丝液施加拉力，最终编织成所需的形状。有时，蜘蛛还需要用它的后肢帮忙才能拉出丝来。

蜘蛛织网的本领非常高明，它能根据地形，精确地"计算"出需要织多大的网，然后用最省料、又能达到最大面积的方法进行编织。当第一根飘忽的丝线黏在墙角、树枝等处时，蜘蛛便开始忙碌起来：先用丝线在四周拉一个框架，然后再拉圆网的所有半径线，最后用黏丝在辐射状的蛛丝间密密地排成梯子档。不同的蜘蛛编织的丝网是不一样的，除了圆网之外，还有三角形的、漏斗状的，或者其他形状的。

可以拦住"波音"747

暴风雨就要来了，蛛网上的蜘蛛为躲避风雨早早地就没了影踪。人们猜

想，这一下它那辛辛苦苦织起来的网也该"难逃劫难"了吧？然而暴风雨过后，人们惊讶地发现：那网仍然高高悬挂，虽然断了几根线，也被风吹得七扭八歪，但整体框架仍然完好！

有点不可思议吧？其实这就是蛛网背后隐藏的力量。蛛网之所以这么坚韧耐用，跟蛛丝本身的性质及蛛网的结构有关。

蛛丝比头发丝还细，但其强度超过同等粗细的钢铁，据测算其强度是等粗钢铁的6倍。蛛丝的蛋白质结构使它在受到外力作用时具有独特的弹性。在拉伸过程中，它会先像橡皮筋一样被拉长，然后变得坚硬，在坚硬状态下最大限度地吸收外部冲击力。如果外力不是特别大，蛛丝能稳稳承受；当然，如果外力太大，蛛丝还是会断掉。

与蛛丝这种特性相得益彰的是蛛网精妙的结构。蛛网是由一个中心伸出的若干放射状丝线和围绕这个中心的螺旋状丝线构成的网状结构，它保证了蛛网的坚韧耐用。研究表明，在均匀受力的情况下，整张蛛网能抵抗飓风强度的气流。而在局部受力的情况下，比如某个物体重重地撞在某一根蛛丝上，冲撞力在蛛丝和蛛网中的传递结果有可能仅导致这根蛛丝断掉，而整张网的其他部分仍然保持完好。这就是为什么人们经常可以看到数根蛛丝已经断裂但蛛网却仍能高挂的原因。

坚韧的蛛丝再加精妙的网状结构，使得蜘蛛网就像铁丝网一样坚固，任何小飞虫都休想破坏它，更别说逃脱。科学家甚至形容：如果用铅笔杆一样粗细的蛛丝来结网，这网甚至可以拦截住一架飞行中的"波音"747客机！

为什么不粘蜘蛛自身

蜘蛛在墙角、屋檐或树枝下拉丝结网，结好之后，便稳坐在网中央，等待着那些不幸的小飞虫们的"光顾"。小飞虫们"光顾"后，便被黏黏的蛛丝粘住，再也无法脱身。可是有一个疑问：为什么蜘蛛自身不会被蛛网粘住呢？

原来，蜘蛛身上有功能各异的腺体，每个腺体能产生不同的丝线原料，从而织出黏的和不黏的两种丝线。科学研究发现，蛛网上的放射状骨架丝线（纵丝）强度非常大，但不具有黏性。而蛛网上那些螺旋状的丝线（横丝）与密密麻麻的水珠状的黏珠则具有黏性，它们主要由4%的黏性物质和80%的水所组成，正是这些横丝和黏珠让误入网中的昆虫难以脱身。

蜘蛛在蛛网上活动时，选择在没有黏性的纵丝上，从而避免被自己的网粘住。另外，蜘蛛是用带有毛刺的脚接触蛛网的，整个身体就挂在蛛网上而不是躺在蛛网上，这也减少了被粘住的可能性。万一碰上有黏性的横丝时，聪明的蜘蛛还会使出一种"绝活"——众所周知，要想使物体表面不黏，涂油是个很好的办法。蜘蛛就能分泌出一种油性物质，它被涂抹到蜘蛛的身上尤其是脚上。当蜘蛛碰到黏性的横丝时，这种油性物质能让蜘蛛避免被粘住。

科学小常识

鸡蛋也能拉丝

日常生活中有不少液体也能像蜘蛛丝液一样拉丝，比如敲开鸡蛋后将蛋黄取走所留下的蛋清。蛋清是搅动一下后能弹缩回来的液体，也是一种向上挑能拉丝的液体。当用筷子以适当的速度挑蛋清时，蛋清就拉出了丝；当拉丝断了时，还可看到在断开的一瞬间，会像橡皮条一样稍有收缩。用筷子挑山药汁，以及婴儿流的口水也有相似的情况。

人体平衡的奥秘

> 一个醉汉喝得醉醺醺的，嘴里嘟嘟囔囔地走在大街上。最要命的是，他走起路来摇摇晃晃的，好像时刻要跌倒，看着都让人揪心。

醉汉之所以走起路来摇摇晃晃，是因为他失去了平衡。从物理学上来说，平衡就是物体受到的共点力合力为零。不过由于人体的特殊性，人体平衡不像没生命的物体平衡那么简单，它往往与人体的器官有着密切的联系，尤其是耳朵和眼睛。

平衡就是合力为零

对于一个物体来说，当它受到的所有力都作用在一个点上时，我们就说这个点是共点。共点存在于所有的物体，每一个物体受到的所有力都可以理想化为作用在一个点上，也就是共点上。当共点力的合力为零时，物体就处于平衡状态。像地板上放着的电冰箱、桌子、衣服柜等物体就处于平衡状态，因为它们受到的重力和支持力的合力为零。而在公路上变速奔驰的汽车就不是处于平衡状态，因为它受到的合力不为零——根据牛顿运动定律，是外力使得汽车做变速运动。平衡有静态平衡和动态平衡，所有静止的物体都处于静态平衡，而作匀速运动的物体则处于动态平衡。

人体是一种特殊的物体，如果将人的平衡简单地等同于物体的静态平衡，那么这个平衡很大程度上取决于重心的位置。人体的重心大约在肚脐的后面、身体的中心处。假设让一个人俯躺在跷跷板上,让他的肚脐恰好在跷跷板支撑点的上方,这样,人体通常能够达到平衡,跷跷板的两端都将不接触地面。此外,如果从人体重心引出的重垂线位于支承面内,那么即便有时他看起来不那么稳定,但仍能保持平衡。这也就是为什么杂技演员在摇摇晃晃的钢丝绳上仍能不倒的原因。

耳朵不好,你是平衡不了的

喝醉酒的人走起路来摇摇晃晃的,如果仅从共点力合力角度来看,他受到的重力和地面支持力的合力仍然为零。但是,我们显然不能说他是平衡的。因此,作为具有生理活动的人体的平衡实际上不能简单等同于物体的静态平衡的,它涉到整个生理系统的动态平衡。

耳朵是保持人体生理系统动态平衡的重要器官,甚至可以说:耳朵不好,你是平衡不了的。因为耳朵除了是一种听觉外,还是一种平衡觉。平衡觉也叫静觉,是因身体移动而引起的感觉,它和人体的位置、身体的平衡状态紧密相关。平衡觉的感受器位于耳朵的内耳。内耳为复杂而曲折的管道,该管道分耳蜗、前庭和三个半规管,管内充满淋巴液。耳蜗和听觉有关,前庭和半规管则与平衡觉有关。

三个半规管互相垂直,且位于三个不同的平面上,不论头部向哪个方向转动,至少其中一个半规管会受淋巴振动的刺激而产生冲动,再由听神经传到大脑,于是人体会有头部转动的感觉。人类习惯在平面活动,假若身体上下移动时,例如在颠簸的海上航行,半规管受到不寻常的刺激,便有晕船的感觉。此外,人们对身体其他部位(不仅头部)的移动,上下升降以及翻身、倒置等运动的辨别,都依靠平衡觉。例如人若将头部朝下倒立,即刺激前庭,其冲动传到脑部,便会有头部位置和平时不同的感觉。

平衡觉对保持人体平衡有重要意义,尤其在乘船、乘车、乘飞机或跳伞、跳水的时候,它更是不可或缺。

飞机起降让人真难受

乘坐飞机时，有些人会有一种难受的感受，如耳内闷胀、听力下降、耳痛或者耳鸣等，甚至还有一些人会出现眩晕、天旋地转，同时伴有强烈恶心呕吐的症状。

其实这都是耳朵"惹的祸"。

顺着我们的外耳道往里，是位于中耳的耳膜，耳膜内侧是鼓室。在飞机还没有起飞的时候，耳道的气压是跟外界大气压一致的。当飞机起飞上升时，外界气压逐渐减低，鼓室内的压力来不及调整，形成了鼓室内气压大于外界气压的状况，这个对鼓室内来说叫正压。正压使得鼓室前壁的咽鼓管张开，这时乘客就可能会感到耳膜有轻微的鼓胀感。当飞机下降时，外界气压逐渐增加，鼓室内形成负压，咽鼓管呈现单向活瓣样作用；咽鼓管因受周围高气压影响而不易开放，因而外界气体无法进入鼓室，此时中耳黏膜水肿，血管高度扩张，人会有耳膜被压迫感。当负压增加到一定程度的时候，如果咽鼓管仍不能及时开放，鼓室内外压力差加大，就会使鼓膜内陷、充血，鼓室内血管扩张，最终可能导致鼓室积液或积血，甚至鼓膜充血破裂、耳膜穿孔、失听等严重症状。

这就是所谓的"航空性耳朵病"。不过随着技术的进步，现在的飞机已经在舒适度方面有了很大的改善，起飞降落时人们不会再有很明显的感觉了。大部分旅客都没什么问题，一般有感觉的是老人和小孩。专家建议，为缓解不适，人们可以嚼一块口香糖，或做吞咽的动作，甚至可以用拇指和食指捏住鼻子、闭紧嘴巴、用力呼气。

蒙上眼睛，走路走不稳

不仅耳朵对保持人体平衡有重要作用，眼睛同样也是。不信你就蒙上眼睛走路试试，你一定会走得扭扭歪歪，甚至还有可能因失去平衡而摔倒。

我们的眼睛、耳朵等都是维持身体平衡、掌握方向感的重要感知器官，

它们互相协作才能让人体保持平衡。耳朵内的半规管会感知并辨别前后、左右、上下、转圈等运动的方向感，而眼睛则主要掌握并辨别身体所处的空间和运动的方向。大脑分析了这些器官感知的信号后，才能协调肌肉活动，维持平衡感。一旦眼睛被蒙上，这种协作关系也就被打破了，所以人就没法好好走路了。

户外活动请小心

舒适美好的天气，和一群好伙伴去野外游玩，那是一件多么惬意的事情啊！不过，户外活动请小心，时刻注意脚下，因为一不小心你就可能被脚下的"陷阱"暗算。

在户外的泥地、沙土和冰面，隐藏着一些我们看不见的沼泽、流沙和冰窟窿，它们就是暗算我们的"陷阱"。当陷入这些陷阱中时，人们一定要保持镇静，不可蛮力挣扎。通用的做法是尽量平卧身体，因为这样一来可以减小对"陷阱"的压力。

身陷沼泽，越挣扎越下沉

沼泽是含水量非常大的细颗粒土质，非常松软，它通常分布在泥泞的草地或者将干而又未干的河滩。沼泽可是威胁人们户外活动安全的第一大"杀手"，人一旦陷入沼泽中，身体将逐渐下沉，如果没有别人的帮忙，将很难脱身出来。

那么，为什么人在沼泽中会下沉呢？这是因为人在沼泽中主要受到向下的重力和向上的沼泽支撑力的作用。由于沼泽中含有大量的水，所以沼泽支撑力主要表现为浮力，浮力在人体陷入之初小于人体重力，故而人体会慢慢下沉。当人体下沉到一定程度的时候，虽然浮力和重力可以平衡（浮力的大小跟沼泽泥浆的密度有关），但由于水对人是浸润的，会对人有一个向下的表面张力，使人继续下沉，再加上泥水较大的黏滞力的作用，所以人一旦陷入其中便会逐渐下沉，如果没有别人帮助，很难依靠自身力量脱身出来。

尽管很难自己挣脱出来，但这并不意味着下陷者就只能束手待命，什么也不做。此时他应该在等待别人相救的同时，轻轻后倾身体，尽量放平身躯，并张开双臂，因为这样可以增大受压面积，从而减小压强。

绝对不能在沼泽中挣扎，因为挣扎时人的双脚必定是一脚更用力向下，而另一脚则向上拔。根据受压面积越小压强越大的原理，一只脚的面积更小，所以对泥浆的压强也更大，因而下陷也就更厉害。同时，挣扎还容易破坏固结在人体周围的泥浆的相对稳定状态，使人体周围的泥被液化，减小阻碍人体下降的摩擦力。

用仰泳姿势逃离流沙

茫茫的沙地上还隐藏着会"吞噬"人的流沙。流沙是由于水分过饱和而发生液化的坚实地面。"流"是指沙子在这种半流体状态下非常容易移动。当一片散沙带的水分达到饱和时，普通沙子就会翻滚起来，沙粒之间的摩擦力减小，使得沙子开始流动，这样便形成了流沙。

流沙并不是一种特殊类型的土壤，它通常就是沙子或是另外一种类型的颗粒状土壤，只是由于这类沙子或土壤与地下的水源相连，时间一久便形成了沙子和水的糊状混合物。正是因为流沙是一种糊状的沙水混合物，所以颗粒间的摩擦力比普通沙子要小，因而人陷入其中较容易沉下去，而普通的沙子却不会。

流沙比沼泽更隐蔽，但流沙通常都不太深，所以陷入流沙中不必过于心慌，运用正确的解救方法是可以成功挣脱出来的。与沼泽一样，掉入流沙中首先应尽量放松自己的身体，然后背朝下平躺下来，同时张开双臂，这样你就可以减小对流沙的压强。之后，你就要努力向硬地靠近。

通常，采用仰躺的姿势是一个不错的选择，这时你可以使自己的整个身体都浮在沙面上，然后轻轻地抖动并振颤双脚，使双脚周围的流沙变得疏松，

慢慢地拔出被困的双脚。当你试图把腿从流沙中抽出时，你需要克服该动作发生之后所制造出的真空。因此，你应该尽可能慢地移动身体以降低黏滞度。这个过程可能需要很长时间，但一定要坚持下去。当将双脚拔出来之后，你就可以像仰泳一样慢慢靠近硬地了。

爬过冰面，而不是跑过冰面

在一个寒冷的早晨，河面上都结了冰。一个在冰面上滑冰的小孩不小心滑到了河中央的薄冰处，结果压破薄冰掉入冰窟窿里。远处的人们都赶过来相救，但在距小孩一定距离后就不敢再靠近了。有人说"快找些木板来"，而一个大学生模样的小伙子却迅速趴下身，慢慢地爬到冰窟窿旁，最终将落水的小孩救起……

大学生见义勇为的行为是值得表扬的，而他救人所采取的方法也是正确的，是值得人们学习的。

冬天里，很多河流都会结冰，但不是每一处地方结的冰都一样厚，有些地方薄一些，有些地方厚一些。厚一些的地方，可供人们可以欢快游戏，但是薄一些的地方，那就隐藏着危险了。那在冰面上滑冰的小孩之所以掉进冰窟窿里，不是因为他的体重足够大，大到可以压破冰面，而是因为他脚下滑冰用的冰鞋面积很小。根据压强与受压面积的关系，小孩过小的冰鞋面积使得他对冰面的压强变大，因而很容易压破冰面掉到冰窟窿里去。这就好比两个体重差不多的人，一个穿着宽大鞋子的人走过冰面安全无事，而另一个穿着细小冰鞋的人却可能掉进冰窟窿里。

所以从这个角度来说，人们说"快找些木板来"是非常有道理的，而大学生爬到冰窟窿旁的做法也是非常正确的。因为木板可以增大受压面积，减小压强。同样的道理，爬着过去也可以增大受压面积，减小对冰面的压强。假如那个大学生不懂得正确方法，冒冒失失地就向冰窟窿跑去，那么可能他还没到达，就已经跟小孩一样，掉进冰窟窿里了。

重差不多的人，受力面积小，压强大，容易压破冰面。

力面积大，压强小，可以平安无事。